高素质农民培训系列教材

# 食用菌栽培与病虫害防治技术

朱建明　喻春桂　罗玖林　主编

中国农业科学技术出版社

**图书在版编目（CIP）数据**

食用菌栽培与病虫害防治技术／朱建明，喻春桂，罗玖林主编—北京：中国农业科学技术出版社，2021.1

ISBN 978-7-5116-5139-6

Ⅰ.①食…　Ⅱ.①朱…②喻…③罗…　Ⅲ.①食用菌-蔬菜园艺②食用菌-病虫害防治　Ⅳ.①S646②S436.46

中国版本图书馆 CIP 数据核字（2021）第 017780 号

**责任编辑**　金　迪　张诗瑶
**责任校对**　马广洋
**责任印制**　姜义伟　王思文

**出 版 者**　中国农业科学技术出版社
北京市中关村南大街 12 号　邮编：100081
**电　　话**　(010)82109705(出版中心)(010)82109702(发行部)
(010)82109709(读者服务部)
**传　　真**　(010)82106650
**网　　址**　http://www.castp.cn
**经 销 者**　各地新华书店
**印 刷 者**　北京富泰印刷有限责任公司
**开　　本**　850mm×1 168mm　1/32
**印　　张**　6
**字　　数**　173 千字
**版　　次**　2021 年 1 月第 1 版　2021 年 1 月第 1 次印刷
**定　　价**　35.00 元

# 《食用菌栽培与病虫害防治技术》
# 编　委　会


主　编　朱建明　喻春桂　罗玖林

副主编　李　莎　施　红　明　萍　李　宏

王卫琴　王欽源　温卫华　邱作民

葛长军　刘如香　陈先兵　陈爱芳

周　玲　蔡明佳　董忠义　王晓丽

冯辉艳　段肖彩　杨晓慧　邹桂芝

# 前　言

食用菌具有高蛋白、低脂肪的特点，含人体所需的多种氨基酸和微量元素，具有许多食品无法取代的保健作用，得到联合国粮食及农业组织的认可。随着人们生活水平的提高，我国食用菌消费量在以每年7%的速度持续增长。

本书共8章，内容包括：食用菌基础知识、菌种生产设备、菌种的制作、消毒与灭菌、食用菌栽培技术、食用菌工厂化生产、食用菌病虫害防治技术、食用菌保鲜与加工。本书具有内容丰富、语言通俗、科学实用等特色。

由于编者水平有限，书中不当之处，恳请各位专家和读者批评指正。

编　者

# 目　录

# 第一章　食用菌基础知识

食用菌是食用真菌的简称，指那些可供人类食用的大型真菌。

## 第一节　营养价值与保健功能

食用菌味道鲜美，营养丰富，富含多种生理活性物质，是深受欢迎的保健食品。可食用部分通常是具有产孢结构的各种子实体，少数是菌核或子座。

食用菌子实体水分含量为72%～92%，其他为干物质。在食用菌子实体所含干物质中，有机物占90%～97%。据泽田满喜（1983）报道，在食用菌所含的112种干物质中，平均蛋白质约占25%，脂质约占8%，糖约占52%，纤维约占8%，灰分约占7%。此外，食用菌干物质中还含有多种核酸、维生素，包括维生素 $B_1$、维生素 $B_2$、维生素 $B_3$、维生素C和维生素D等。

与其他果蔬等植物性食品相比，食用菌的蛋白质、多糖、维生素含量高，脂肪含量低。食用菌蛋白质含量高于一般果蔬，不同发育阶段及不同培养料栽培的食用菌，其蛋白质含量不同。珊瑚菌科真菌蛋白质含量超过60%，通常黑木耳、银耳等胶质菌和裂褶菌等革质菌蛋白质含量比较低。多数食用菌中含有所有的必需氨基酸，但不同种类的食用菌中各种氨基酸组成的百分比是有区别的。

糖类是食用菌重要的组成物质。食用菌不仅含有与植物相同的单糖、双糖和多糖，还含有一些氨基糖、糖醇类、糖酚苷类、多糖蛋白类等植物少有的糖类；各种真菌多糖是食用菌重要的生理活性物质，具有调节人体免疫活性的能力。食用菌中含有多种维生素，但含量最高的还是B族维生素和麦角甾醇。食用菌中普遍含有丰富的维生素D原，即麦角甾醇，其在紫外光照射下可转变成丰富的维生素D。

食用菌脂肪含量占其干重的1.1%~8.1%，其天然粗脂肪种类齐全，包括各种类脂化合物——游离态脂肪酸、甘油二酯、甘油三酯、固醇和磷酸酯等，主要是油酸、亚油酸等不饱和脂肪酸，具有降血脂的作用。

食用菌细胞壁由果胶类物质构成，其主要组成部分是几丁质。几丁质是一种极好的膳食纤维，可帮助胃肠蠕动，预防便秘，同时还能吸附血液中多余的胆固醇，并使之经肠道排出体外，预防糖尿病发生。食用菌灰分中以钾含量最为丰富，磷含量仅次于钾，钙、铁、硫、镁、钠、钴、钼等常量及微量矿质元素的含量也比较丰富。

## 第二节　食用菌的产业效益

食用菌栽培是以农业废弃物、林果枝丫材、农产品加工废弃料、畜禽粪便等为原料，通过科学合理地配制培养料，创造适宜食用菌生长发育的环境条件，生产富含营养物质的食用菌产品。除传统种植业和养殖业之外，食用菌种植业已经成为又一个新型的种植业，食用菌也被称为菌类作物。由于食用菌种植不依赖耕地，不需要光合作用，是利用有机废弃物作为栽培原料，因而食用菌种植在现代生态农业和循环经济中占有重要地位，在自然界生物质循环转化利用中具有难以替代的作用。

食用菌栽培种类众多，栽培原料资源丰富，栽培技术相对而言易学易懂，生产设备可繁可简，生产规模可大可小，既可以在城市周边和平原地区进行设施化栽培，也可以在丘陵山区进行大棚栽培或仿野生栽培，既是经济发达地区现代农业产业发展的重要项目之一，也是老少边穷地区广大人民群众脱贫致富的重要途径之一。

我国农作物秸秆资源丰富，各地气候条件极具多样性，适合因地制宜发展食用菌产业。发展食用菌产业，不仅可以改善人类膳食结构，提高人民健康水平，而且有利于增加出口创汇，提高农民收入，也利于农林废弃物循环再利用，经济效益、生态效益和社会效益均十分显著。

## 第三节　食用菌栽培现状与发展趋势

### 一、国内外食用菌栽培现状

中国食用菌栽培技术取得突飞猛进的发展，许多珍稀食用菌栽培技术已经领先于世界其他国家，越来越多食用菌被驯化栽培成功；以遗传学理论为基础的食用菌育种研究获得了大批优良品种；各种农林有机物被广泛应用于食用菌栽培中；栽培过程中机械化、自动化水平提高，并开始向信息化方向发展，研究重点开始向栽培过程自动化、生产管理信息化、共生食用菌仿野生栽培等领域拓展；食用菌基因组学、代谢组学和蛋白组学研究方兴未艾，将为食用菌栽培基质高效利用和优质高产奠定坚实的基础，促进食用菌栽培技术升级。

在世界范围内，食用菌栽培生产具有明显的区域特征，无论是栽培种类还是栽培方式，都受到饮食习惯、地域气候特征、栽培原料资源状况和经济发展水平的影响。中国、日本、韩国等东亚地区是世界食用菌的中心产区，栽培种类多，栽培方式多样，栽培技术先进。

日本是世界食用菌生产大国，主要生产香菇、金针菇、真姬菇、灰树花等，工艺技术和设施设备先进，生产管理规范，产品质量稳定。日本香菇产量仅次于我国。

日本和韩国在食用菌机械化拌料、自动化装瓶、液体菌种发酵、自动化接种、机械化搔菌、智能化菇房管理等方面取得了卓越成就，并向中国输出菌种、技术和设备，促进了中国食用菌产业的现代化。

欧美是双孢蘑菇传统的栽培地区，目前产业规模基本稳定，双孢蘑菇种植逐步从荷兰、法国、美国等国家扩展到中国、俄罗斯、匈牙利、波兰等国家。

欧美西方国家在双孢蘑菇生物学特性方面进行了系统且深入的研究，在培养料发酵、覆土制备、品种选育、病虫害防治、出菇管理等方面积累了丰富的生产经验，实现了备料、建堆、发酵、上料、播种、覆土和采收等生产过程的机械化以及菇房出菇管理的智能化。

印度、泰国、俄罗斯及其他东欧国家食用菌产业发展较快，食用菌栽培种类开始由双孢蘑菇向平菇、姬菇、杏鲍菇等多品种发展。此外，平菇、杏鲍菇、香菇、金针菇、姬菇等在东亚地区广泛种植的食用菌产品，开始渗入西方国家的消费市场，逐渐被欧美消费者接受和喜爱。中国部分企业出口香菇菌棒，在美国、日本、韩国等国家进行出菇管理，当地出现了华人投资的香菇种植基地，香菇产品直接进入当地市场进行销售。平菇、香菇、白灵菇、杏鲍菇等食用菌栽培逐步由中国、韩国、日本等东亚国家向南美洲、东南亚和非洲国家发展，中国已逐步成为食用菌栽培技术、专业人才和设施设备的输出国。

## 二、国内外食用菌产业发展趋势

尽管世界各国食用菌产业规模大小不一，但食用菌产业发展趋势呈现出一些共同特征。

### 1. 栽培种类日趋多元化

欧美食用菌栽培种类单一，双孢蘑菇生产依然占90%以上，但食用菌栽培向平菇、杏鲍菇、香菇等多品种发展的趋势明显。中国香菇、平菇、黑木耳、金针菇、双孢蘑菇和毛木耳6种食用菌年产量占总产量的81%，其他食用菌栽培技术仍然需要进一步研究开发，珍稀食用菌栽培具有较大的发展空间。日本、韩国工厂化栽培种类也在持续增加，包括共生食用菌在内的珍稀食用菌栽培技术不断取得新的突破。

**2. 栽培技术更加精细化**

目前，食用菌段木栽培技术已经基本被代料栽培技术取代，改变了食用菌产业过度依赖林木资源的状况，但农作物秸秆进一步替代木屑进行食用菌栽培的关键技术亟需突破。随着生态环境保护力度逐渐加强，培育食用菌栽培原料专用林的研究显得日益迫切，与食用菌栽培配套的农作物秸秆采收、预处理、包装与储运等技术设备也亟需研发，原辅材料质量控制与精准配方技术将更加受到重视。

**3. 栽培工艺轻简化和机械化**

减少劳动力投入、减轻劳动强度，实现轻简化和机械化操作将是食用菌生产工艺改进的重点。从拌料、装瓶（袋）、灭菌、接种到养菌、搔菌等各个生产环节，逐步实现机械化和自动化操作，并与高效安全生产工艺相配套。

**4. 栽培管理自动化和信息化**

无论是大棚栽培还是设施化菇房栽培，对于出菇环境温度、湿度、光照、通风量等环境参数的控制将更加精细，并逐步走向自动化和信息化，物联网管理系统和远程专家诊断系统等将被陆续开发应用，生产过程受到严格监控，产品质量更加安全可靠。

# 第二章　菌种生产设备

## 第一节　接种设备

食用菌的接种设备较多，农户可根据自身条件和生产规模选择适宜的接种设备。

### 一、接种室

接种室又叫无菌室，是进行菌种分离和接种的专用房间。接种室应建在菌种场中心的干燥处，面积4~20m²为宜。接种室外要设一小间缓冲室，门不宜对开，出入口要求安装推拉门，墙面要平整以便于消毒，地面应铺瓷砖以便于清扫，门窗要密闭，接种室和缓冲室要各安装一只紫外线灯和照明灯。有条件的菌种场，接种室内应安装超净工作台，因为其接种效果更好。接种室具有操作方便、接种量大和速度快等优点，适用于大规模生产。

### 二、接种箱

接种箱又叫无菌箱，是用木材和玻璃制成的箱子，箱子的前后装有两扇能启闭的玻璃窗，下方开两个圆洞，洞口装有布套(图2-1)。操作时两人相对而坐，双手通过布套伸入箱内。箱顶安装紫外线灯和照明灯各一只。

接种箱的结构简单，制造容易，移动方便，便于消毒和灭菌，适合农村食用菌种植专业户使用。

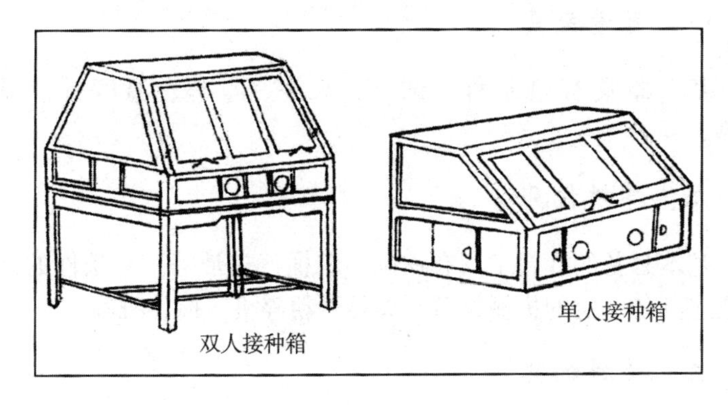


**图 2-1　接种箱**

### 三、超净工作台

超净工作台是一种局部层流（平行流）装置，能够在局部形成洁净的工作环境。超净工作台的优点是接种与组织分离可靠，操作方便。

### 四、电子灭菌消毒接种机

电子灭菌消毒接种机是通过产生高频高电压，激发空气中的氧气发生电离形成臭氧，利用臭氧气体进行消毒灭菌。使用电子灭菌消毒接种机要求环境洁净，空气流动性小，操作者动作迅速、轻巧，尽量减少污染机会。电子灭菌消毒接种机可与无菌室结合使用。

## 第二节　配料设备

不同的生产规模，配料所需要的设备有所不同，主要有以下几种。

### 一、称量器具

基本器具有电子秤、试管、天平、量杯、温度计、湿度计等。

### 二、拌料机具

基本必备的拌料工具有铁锨、水桶、扫帚等。有条件的菌种场还应具备一定的机械设备，如秸秆粉碎机、搅拌机等。

### 三、装料机具

装料最基本的方法是手工操作，有条件的企业多选用装袋机。装袋机的规格很多，可根据生产规模和生产品种选择不同的装袋机。

## 第三节　灭菌设备

食用菌常用的灭菌方法有三种，不同的灭菌方法用不同的设备。

### 一、电热恒温干燥箱

电热恒温干燥箱是一种干热灭菌工具，主要用于玻璃器皿和接种工具的灭菌。

### 二、常压灭菌灶

利用常压灭菌灶进行培养基灭菌是广大农村普遍采用的灭菌方法。常压灭菌灶通常用于原种、栽培种的培养基灭菌，农户可根据自身条件和生产规模自行选择。常压灭菌灶具有投资省、一次性灭菌容量大的特点，但灭菌时间长、耗煤量大，有时易产生灭菌死角，生产上要充分注意。

### 三、高压灭菌锅

高压灭菌锅是利用高温湿热空气灭菌的一种高效灭菌锅，具有灭菌时间短、灭菌效果好的特点。高压灭菌锅有手提式、直立式、卧式三种，用户可根据自身条件和生产规模自行选择。使用高压灭菌锅时要注意加足水，并检查安全阀、放气阀等装置是否正常，防止出现安全事故。

## 第四节　培养设备

菌种培养设备主要是指接种后用于培养菌丝的设备。

### 一、培养箱

在制作少量母种和原种时，可采用恒温恒湿培养箱，培养过程中要及时去除杂菌。

### 二、恒温培养室

恒温培养室主要用于培养较多原种或栽培种，培养菌种时除要及时进行菌种去杂外，还要注意室内通风换气，并做好消毒工作，以防止菌种大面积污染。

### 三、摇瓶机

制取液体菌种时，需要用摇瓶机培养液体菌种。摇瓶机有往复式和旋转式两种。

## 第五节　培养料的分装容器

食用菌培养料的分装容器分为玻璃容器和塑料容器两大类。玻璃容器主要用于菌种分离、保存以及母种和原种的制作，塑料容器一般用来制作栽培种和食用菌栽培。

培养料分装容器的种类和规格见表2-1。

**表2-1 培养料分装容器的种类及规格**

<table>
<tr><th>种类</th><th>名称</th><th>规格</th><th>用途</th></tr>
<tr><td rowspan="6">玻璃类</td><td>试管</td><td>20mm×200mm</td><td>制斜面母种</td></tr>
<tr><td>蘑菇瓶</td><td>750mL，口径为3.5cm和4.0cm</td><td>制原种，栽培种</td></tr>
<tr><td>罐头瓶</td><td>750mL，口径为3.5cm和4.0cm</td><td>一般栽培用</td></tr>
<tr><td>旧盐水瓶</td><td>500mL</td><td>制原种，栽培种</td></tr>
<tr><td>培养皿</td><td>直径9cm</td><td>分离菌种和鉴定用</td></tr>
<tr><td>菌种瓶</td><td>750mL，800mL，1 000mL</td><td>制原种，栽培种</td></tr>
<tr><td rowspan="5">塑料类</td><td rowspan="2">低压聚乙烯袋</td><td>18cm×36cm×0.004cm</td><td rowspan="4">制种，栽培</td></tr>
<tr><td>15cm×55cm×0.004cm</td></tr>
<tr><td rowspan="2">聚丙烯袋</td><td>12cm×55cm×0.004cm</td></tr>
<tr><td>17cm×33cm×0.004 5cm</td></tr>
<tr><td>套环</td><td>12cm×24cm×0.004 5cm</td><td>套在袋口代替瓶颈，便于塞棉塞</td></tr>
</table>

## 第六节 封口材料

### 一、无菌封口膜

制种多用无菌培养容器封口膜。它是乳白色塑料薄膜，既能透气又能过滤菌，使用方便，可代替棉塞，降低成本。

### 二、棉塞

在制作母种时，试管封口所用的材料一般是棉塞，制作棉塞不要用脱脂棉。

### 三、牛皮纸或双层报纸

用牛皮纸或双层报纸对母种培养基进行灭菌处理的主要目的是防止冷凝水淋湿棉塞。

## 第七节　菌种保藏设施

食用菌菌种保藏所需设备主要是生物冷藏柜。生物冷藏柜保藏菌种，一般温度控制在3~4℃。菌种保藏方法中的低温保藏法、液状石蜡保藏法、自然基质保藏法、生理盐水保藏法、蒸馏水保藏法等都适宜用冷藏柜。

# 第三章　菌种的制作

## 第一节　菌种的接种

接种是食用菌菌种生产和栽培过程中非常重要的一个环节。人们通常把接种物移至培养基上，在菌种生产工艺中称为接种，而在栽培工艺及生产中称为下种或播种。接种一般在无菌环境中完成。

### 一、母种的接种

食用菌母种的获得可通过菌种分离获得，母种的扩大需通过转管，其中菌种分离通常分为组织分离、孢子分离和种木分离 3 种方法。

#### （一）菌种分离

**1. 组织分离法**

组织分离法是利用食用菌的部分组织经培养获得纯菌丝体的方法（图 3-1）。食用菌组织分离法具有操作简便、分离成功率高、便于保持原有品系的遗传特性等优点，因此是生产上最常用的一种菌种分离法。子实体、菌核和菌索等食用菌组织体都是由菌丝体组结而形成的，具有很强的再生能力，可以作为菌种分离的材料，因此食用菌组织分离法又可分为子实体组织分离法、菌核组织分离法和菌索组织分离法，生产上常采用子实体组织分离法。

（1）子实体组织分离法。①伞菌组织分离法。伞菌组织分离法是采用子实体的任何一部分如菌盖、菌柄、菌褶、菌肉进

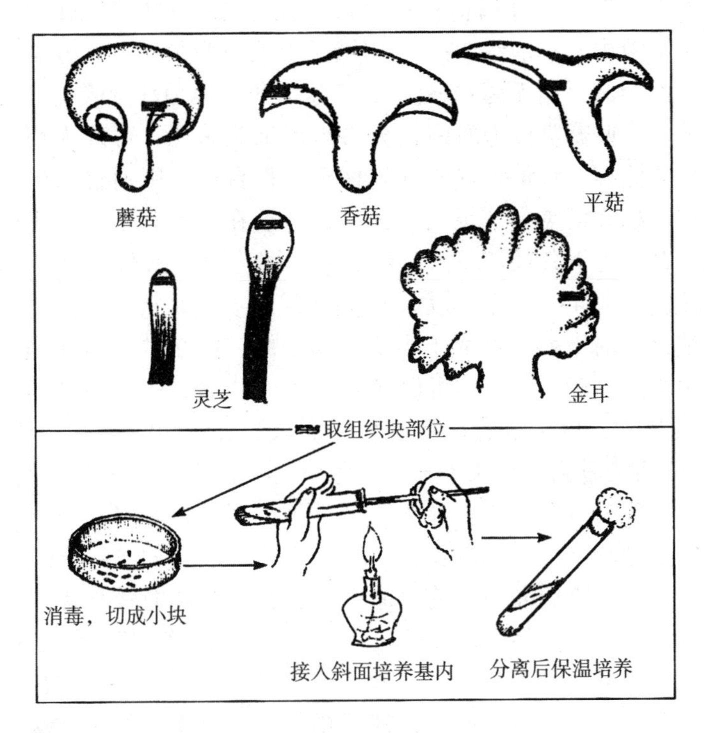


**图 3-1　组织分离操作过程**

行组织培养，获得纯菌丝体的方法。虽然采用子实体的任何一部分都能分离培养出菌种，但是生产上伞菌常选用菌柄和菌褶交接处的菌肉作为分离材料，此处组织新生菌丝发育完好，菌丝健壮，无杂菌污染，采用此处的组织块分离出的菌种生命力强，菌丝健壮，分离成功率高。不建议使用菌褶和菌柄作为分离材料，因为这些组织主要暴露在空气中，容易被杂菌污染，菌丝的生命力弱，分离成功率低。伞菌组织分离法的步骤如下。一是种菇选择。选择头潮、生长健壮、特征典型、大小适中、颜色正常、无病虫害、七八分熟度的优质单朵菇作为种菇。二是种菇消毒及取组织块。将种菇放入无菌接种箱或超净工作台台面上，切去部分菌柄，然后将其放入75%酒精溶液或0.1%升汞溶液中，浸泡约1min，用镊子上下不断翻动，充分杀灭其表面的杂菌，用无菌水冲洗 2~3 次，再用无菌滤纸吸干表面的水分。有些菇类浸泡时间长会将组织细胞杀死，可改为用酒精棉反复涂擦。将消毒好的种菇移至工作台面，用消过毒的解剖刀在菌柄和菌盖中部纵切一刀，撕开后在菌柄和菌盖交界处的菌肉部位上下各横切一刀，然后在横切范围内纵切4~5刀，即将菌肉切成4~5个黄豆大小的菌块组织。三是接种培养。用经火焰灭菌的接种针挑取1小块菌肉组织，放在试管培养基的斜面中央，一般一个菇体可以分离6~8支试管，每次接种在30~50支试管，以备挑选。将接种好的试管置于20~25℃下培养，2~4d后可看到组织块上长出白色绒毛状菌丝体，周围无杂菌污染，表明分离成功。再在无菌条件下，用接种钩将新生菌丝的前端最健壮的移接到新的斜面培养基上，再经过5~7d适温培养，长满试管后即为纯菌丝体菌种。有时这样的转管提纯操作要进行多次。四是出菇试验。将分离得到的试管菌种扩大繁殖，移接培养成原种、栽培种，并小规模进行出菇试验，选择出菇整齐、产量高、质量好的，即可用作为栽培生产用种。②生长点分离法。适用于菇小、盖薄、柄中空的伞菌分离，如金针菇。在无菌条件下，用左手拇指和食指夹住菌柄，右手握住长柄镊子，沿着菇柄向菇盖方向迅速移动，击掉菌盖，在菌柄的顶端露出弧形白色的生长点，用接种镊子或接种针钩取生长点的组织，移入斜面培养基。

（2）菌核组织分离法。菌核组织分离法是采用食用菌菌核组织分离培养获得纯菌丝体的方法。某些食用兼药用菌类，如茯苓、猪苓等子实体不易采集，它们常以菌丝组织体的形式——菌核形式存在，因此需要采用菌核进行组织分离。

菌核组织分离法的基本步骤如下。①选择分离材料。选择幼嫩、未分化、表面无虫斑、无杂菌的新鲜个体。②消毒分离选好种菇后，用清水清洗表面去除杂质，将其放入无菌接种箱或超净工作台，再用无菌水冲洗两遍，无菌纱布吸干水分，用75%酒精浸制的棉球擦拭菌核表面进行消毒，用消毒过的解剖刀对半切开菌核，在中心部位挑取黄豆大小一组织块接种至斜面培养基上。③培养。在约25℃条件下培养至长出绒毛状菌丝体，然后转管扩大培养即获得母种。由于菌核是食用菌的营养储存器官，其内部大部分是多糖物质，菌丝含量较少，因此分离时应挑取大块的接种块进行接种，否则会分离失败。

（3）菌索组织分离法。菌索组织分离法是采用食用菌菌索组织分离培养获得纯菌丝体的方法。如蜜环菌、假蜜环菌一类大型真菌，在人工栽培条件下不形成子实体，也无菌核，它们是以特殊结构的菌索来进行繁殖的，因此可用菌索作为分离材料。

**2. 孢子分离法**

孢子分离法是指采用食用菌成熟的有性孢子萌发培养成纯菌丝体的方法。孢子是食用菌的基本繁殖单位，用孢子来培养菌丝体是制备食用菌菌种的基本方法之一。食用菌有性孢子分为担孢子和子囊孢子，它承载了双亲的遗传特性，具有很强的生命力，是选育优良新品种和杂交育种的好材料。在自然界中孢子成熟后就会从子实体层中弹射出来，人们就是利用孢子这个特性来进行菌种分离工作的。孢子分离法可分为单孢子分离法和多孢子分离法两种，对于双孢蘑菇、草菇等同宗结合的菌类可采用单孢子分离法获得菌种；而平菇、香菇、木耳等异宗结合的菌类只能采用多孢子分离法获得菌种。

（1）多孢子分离法。利用孢子采集器具将多个孢子接种在同一培养基上，让其萌发成单核菌丝，并自由交配，从而获得纯菌种的方法。多孢子分离法操作简单，没有不孕现象，是生产中较普遍采用的一种分离菌种的方法。多孢子分离法根据孢子采集的方法不同分为孢子弹射分离法、菌褶涂抹法、孢子印分离法、空中孢子捕捉法等。

（2）单孢子分离法。单孢子分离法是从收集到的多孢子中通过一定手段分离出单个孢子，单独培养，进行杂交获得菌种的方法。单孢子分离法操作比较简单，分离成功率较高，是食用菌杂交育种的常规手段之一，也是食用菌遗传学研究不可缺少的手段。分离单孢子常用单孢子分离器，在没有单孢子分离器时也可以采用平板稀释法、连续稀释法（图 3-2）和毛细管法获得单个孢子，此处仅介绍平板稀释法。

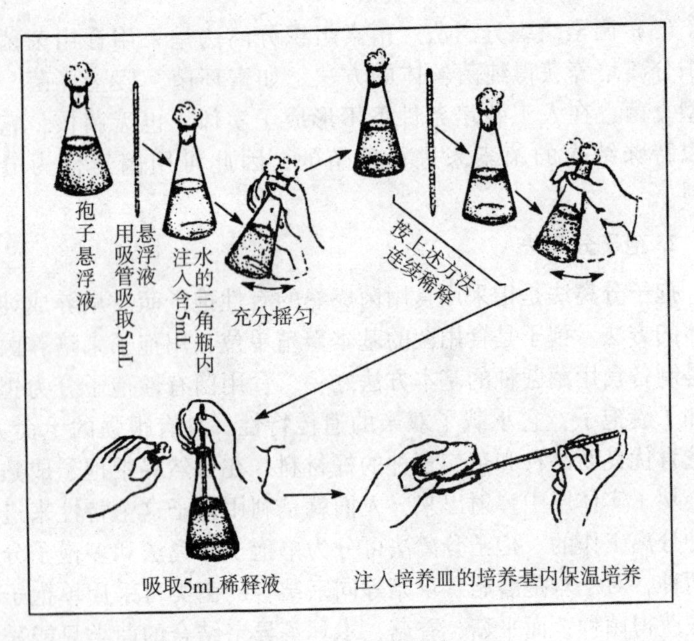


图 3-2 连续稀释法

平板稀释法是实验室较常用的一种单孢子分离法，操作基本方法：首先用无菌接种针挑取少许孢子放在无菌水中，充分摇匀成孢子悬浮液，用无菌吸管吸取 1～2 滴孢子液于 PDA 培养基平板上，然后用无菌三角形玻璃棒将悬浮液滴推散、推平，将其放置适温培养，2～3d 后培养基表面就会出现多个分布均匀的单菌落，一般一个菌落为一个单孢子萌发而成的，在培养皿背面用记号笔做好标记，当菌落形成明显的小白点后，在无菌条件下用接种针将小白点菌落连同小块培养基一起转接至试管斜面培养基上，继续培养，待菌落大约 1cm 时，挑取少量菌丝进行镜检，观察有无锁状联合结构，以便初步确定为单核菌丝。

**3. 种木分离法**

种木分离法是指利用食用菌的菇木或生育基质作为分离材料，获得纯菌丝的一种方法。此种方法一般在得不到子实体或子实体小又薄，孢子不易获得，无法采用组织分离法或孢子分离法获得菌种的情况才采用，种木分离法获得的菌种一般生活力都较强，缺点是污染率较高。在生产上，一些木腐菌类的木耳、银耳、香菇、平菇等菌类都可以用此方法分离。具体操作步骤：种木的采集必须在食用菌繁殖盛期，在已经长过子实体的种木上，选择菌丝生长旺盛，周围无杂菌的部分，用锯截取一小段，将其表面的杂物洗净，自然风干。分离前先将种木通过酒精灯火焰重复数次，烧去表面的杂菌孢子，再用 75%酒精溶液进行表面消毒，用无菌解剖刀切开种木，挑取一小块菇木组织接入 PDA 培养基上，注意挑取的组织块必须从种木中菌丝蔓延生长的部位选取，且组织块越小越好，可减少杂菌污染，提高分离成功率。在适温下培养即可获得母种。

## （二）菌种转管

将母种移入新斜面培养基上的过程称为转管，其常用工具为接种环。首先拔去菌种试管的棉塞，夹在右手指缝间，将试管口放于酒精灯火焰上转动灼烧 2~3 圈，然后拿接种针蘸酒精，在火焰上灼烧灭菌，稍冷却，挑取菌种一小块接入培养基斜面中央，最后将棉塞在火焰上通过后塞入管口，即完成母种的接种。原来的种块及斜面尖端取出弃之，一支母种一般转接 30~40 支试管。无论引进或自己分离的母种都需要适当传代，使之产生大量再生母种，才能源源不断地供应生产。再生母种的生活力常随传代次数的增加而降低，一般传代 3 次以后就需要使用菌种分离法。

转管时气生菌丝旺盛的菌类，如蘑菇、茯苓，应将气生菌丝扒掉，用基内菌丝移接。不同移接用的接种块大小与转管培养后菌种商品外观的质量有关。蘑菇一级种转管时，接种块越小越薄越好，这样移接培养后气生型菌丝不易倒伏。茯苓、草菇菌种移接块应大些，因其菌丝生长速度较快，在斜面上生长显得较为稀疏。

### 二、原种的接种

原种的接种是在严格的无菌操作条件下进行的。首先，左手拿起试管，右手拔棉塞，一般在酒精灯火焰上消毒接种针，一边把试管口向下稍稍倾斜，用酒精火焰封锁，不让空气中的杂菌侵入。其次，是把消毒后的接种针伸入菌种管内，稍稍冷却，再伸入斜面菌种挑取一小块菌种，迅速移解到原种瓶内，再迅速塞好棉塞。使用此法扩接，每支试管可接二级种瓶6~8瓶。

### 三、栽培种的接种

把原种接到栽培种的培养基上，进一步培养即成为栽培种。栽培种的培养基可为瓶装，也可袋装。一般在严格的无菌操作条件下，用大镊子、铲子或小勺，每瓶接入一颗枣大小的菌种或一小勺菌种即可。一般每瓶原种可扩接50~60袋栽培种。

## 第二节　菌种培养

### 一、菌种培养的条件

食用菌菌种的培养与培养环境中温度、湿度、光照、氧气等条件有密切关系。

**1. 温度**

温度是影响食用菌菌丝生长速度最重要的一个因子。在菌种生产过程中，大多数食用菌菌丝生长的合适温度为20~25℃（草菇、木耳等高温菌除外，为28~30℃），培养的温度过高会造成菌种早衰，太低会导致菌丝生长缓慢，从而延长生产周期。菌种培养过程中瓶内温度随着菌丝生长蔓延，新陈代谢逐渐旺盛，释放出呼吸热，导致瓶温上升，会比室温高出2~4℃。

**2. 湿度**

培养室内相对湿度维持在60%~70%，湿度太低，培养基失水，影响菌丝蔓延；湿度超过70%则易感染杂菌。

**3. 空气**

菌种室环境空气质量差，易导致杂菌污染，因此应注意环境卫生清洁，定期消毒杀虫；在菌种培养期间，空气中二氧化碳浓度过高，菌丝缺氧，抑制生长，因此应注意通风换气。

**4. 光照**

无论哪级菌种，在培养阶段均不需要光线，应尽可能采用暗环境。长期见光，容易使营养菌丝体转入生殖生长，形成原基消耗养分。特别是黑木耳、毛木耳的菌株，极易出现耳基，香菇菌丝易出现红褐色“菌被”，平菇、金针菇易出现“侧生菇”。

### 二、污染的检查

对于塑料袋做成的菌种，培养过程中不能经常检查是否有污染，往往越检查，污染率越高。这是因为在检查菌种时，往往会提起袋口观察，每次提起又放下，因塑料袋无固定体积，袋口套环又无固定形状，棉塞未能和套环紧紧接触，这两个动作会使袋口内外产生气压差，强制气体交换，因而杂菌就易乘虚而入，造成后期污染。为避免污染加重，应用工作灯照射培养袋，并及时将所发现的污染袋提出。

## 第三节　菌种退化和复壮

### 一、菌种的退化

食用菌菌种退化是指菌种在生长发育过程中发生变异或生长

状况下降，丧失原来的特征，而在菌种生长阶段表现异常的现象。如母种菌落形态不正常、菌丝倒伏、生长势变弱、长速变慢、个体间长速和长相不均一、产生色素等。如果培养期间出现色素，表明品种退化严重。如黑木耳和香菇在母种培养期间出现明显色素，均不能形成子实体。

**1. 菌种退化原因**

（1）菌种混杂。在菌种继代培养过程中，不同菌株之间由于人为失误而混杂，导致不同菌株的菌丝体生长在一起，菌丝发生变异，原有菌株性状改变，常常表现为产量下降、质量变劣等。

（2）发生有害突变。一个正常菌株经过多代移植也不会导致遗传性状改变。但是如果一个菌株菌丝细胞中发生有害突变，而且突变体能适应外界环境条件。随着移接次数的增加，有害突变体菌丝细胞群所占比例逐渐增大，该菌株生产性能会随之恶化，退化现象逐渐显现。

（3）杂交菌株双亲核比例失调。杂交菌株菌丝体在转管过程中，受到外界环境、营养条件等改变的影响，其中一个亲本核发育正常，且逐渐占据优势，而另一亲本核可能不适应而逐渐减弱，导致双核比例失调，随着转管次数增加，核比例失调逐渐扩大，最终导致在栽培中表现退化。

（4）感染病毒。菌种感染病毒后，病毒随菌丝体扩大繁殖而增加，并且通过带毒孢子传给下一代，当菌种携带一定浓度的病毒粒子，在栽培中会表现出减产、品质下降等退化现象。

**2. 防止菌种退化的措施**

在食用菌菌种传代过程中，往往会发现某些原来优良的性状渐渐消失，出现长势差、出菇迟、产量不高、质量不好等现象，称为“退化”。防止菌种退化措施有以下几项。

（1）防止菌种混杂。在菌种转管、出菇试验等工作中，加强品种隔离，减少品种间混杂，保证优良品种遗传组成在较长时间内保持稳定。

（2）控制菌种传代次数。菌种传代次数越多，产生变异概率越高，菌种发生退化概率越高，生产中应严格控制菌种传代次数。

（3）采用有效菌种保藏方法保存菌种。菌种保存应短期、中期和长期相结合，根据不同食用菌种类的要求应用不同保藏方法进行扩繁，确保菌种长期保持原有优良性状。

（4）创造菌种生长良好的营养条件和环境条件。母种培养基营养条件适宜，菌种生长才能健壮，才能减少退化现象发生。营养不足和过剩对菌种生长均不利。菌种生长繁殖受物理、化学、生物等外界条件影响，如条件适宜，菌种生长正常，不易退化；不适宜会引起菌种退化。

## 二、菌种的复壮

为了避免食用菌菌种的退化，可以根据不同菌种的特性及其菌种退化的原因，采取一系列的相应措施，进行菌种的提纯复壮，以保证菌种的优良特性。确保或恢复菌种优良性能的措施，称为复壮。常用的菌种复壮措施有以下几项。

### 1. 系统选育

在生产中选择具有本品种典型性状的幼嫩子实体进行组织分离，重新获得新的纯菌丝，尽可能地保留原始种，并妥善保藏。

### 2. 更替繁殖方式

菌种反复进行无性繁殖会造成种性退化，定期通过有性孢子分离和筛选，从中优选出具有该品种典型特征的新菌株，代替原始菌株可不断地使该品种得到恢复。

### 3. 菌丝尖端分离

在显微镜下应用显微操作器把健壮菌丝体的顶端部分切下，转接到 PDA 培养基上培养，这样可以保证该菌种纯度，并且起到脱病毒作用，使菌种保持原有菌株遗传物质，恢复原来的生活力和优良种性，达到复壮目的。

**4. 更换培养基配方**

在菌种的分离保藏和继代培养过程中，不断地更换培养基的配方，最好模拟野生环境下的营养状况，如用木屑保存香菇、木耳等木腐型菌种，可以增强菌种的生活力，促进良种复壮。

**5. 选优去劣**

在菌种的分离培养和保藏过程中，密切观察菌丝的生长状况，从中选优去劣，及时淘汰生长异常的菌种。

## 第四节 菌种成活率

### 一、影响接种成活率的关键因素分析

**1. 菌种质量**

（1）母种保存时间不可过长。在冰箱中长期保藏的菌种，取出后要经过 2~3d 的活化培养后，才能用于生产。

（2）菌种过于老化或菌龄不足，尤其接原种时，如遇培养基水分偏低，接种面水分损失严重时尤为明显。母种传代次数过多、菌龄过长、接种时瓶口上部的老化菌丝没挖除干净均可影响接种的成活率。

**2. 菌种袋质量**

（1）原料选择不严。原料中若掺入了松、柏、杉等树种的木屑，可抑制或杀伤菌丝；或者选用的培养料陈旧、霉变，灭菌后可导致基料整体腐败，其后果必然是接种块不萌发，或者菌丝不“吃料”，致使杂菌大量发生而引起发菌失败。

（2）培养基配方不合理。例如，碳氮比不合理、pH 值不合适、有不良气味等，致使菌种块不萌发或不“吃料”。原料细碎、装得过紧、培养料含水率过高会影响培养基的透气能力，造成接种后缺氧而引起发菌缓慢，菌丝较弱；培养料过干，则菌丝不能长入料内。

（3）灭菌不彻底。杂菌喜欢酸性环境，如果配料时间长、装袋速度太慢，或者装袋后迟迟不能进行灭菌，或者灭菌起始温度太低，或者升温太慢（达到100℃时间超过6h）等，容易引起培养料发酵变酸，滋生杂菌。

### 二、菌种不萌发或不“吃料”的原因及防治

除污染杂菌外，有时菌种块不萌发的原因如下。一是接种工具灼烧后未冷却就挖取菌种块，菌丝被烫死或菌丝过火焰时被火焰烧死。二是母种干缩老化，失去萌发力。三是培养温度不适宜，菌种瓶灭菌后未冷却，菌种受热而死。

有时菌种块虽能萌发，但不“吃料”，其原因主要是菌种块与培养料结合不紧密；培养料偏干；培养料的酸碱度不适宜；培养料内加入了过量抗杂菌药物如多菌灵等。因此，接种时要使菌种块与培养料紧密结合；坚持随拌料随装瓶，及时灭菌防止培养料变酸；选用木屑时要严防混入松、柏木屑；配料时不要随意添加或过量添加多菌灵等抑菌药物，以防菌丝生长受到抑制；要保持室内空气湿度55%～65%，要远离热源，使种瓶受热均匀。

## 第五节　菌种的鉴定

菌种质量的优劣是食用菌栽培成败的关键，必须通过鉴定后方可投入生产。把好菌种质量关是保障食用菌安全顺利生产的前提。食用菌菌种的鉴定主要包括两方面的内容，一是鉴定未知菌种是什么菌种，从而避免因菌种混乱造成的不必要损失；二是鉴定已知菌种质量的好坏，从而理性指导生产。

菌种质量鉴定必须从形态、生理、栽培和经济效益等方面进行综合评价，评价是依据菌种质量标准进行的。菌种质量标准是指衡量菌种培养特征、生理特性、栽培性状、经济效益的综合检验标准。一般从菌种的纯度、长相、菌龄、出菇快慢等方面进行

鉴定。

菌种质量鉴定的基本方法主要有直接观察、显微镜检验、菌丝萌发、生长速率测定、菌种纯度测定、"吃料"能力鉴定、耐温性测定和出菇试验等，其中出菇试验是最简单、直观可靠的鉴定方法。

## 一、母种质量的鉴定

优良母种应该具备菌丝纯度高、生命力强、菌龄适宜、无病虫害、出菇整齐、高产、稳产、优质、抗逆性强等特征。

**1. 鉴定方法**

（1）外观直接观察。好的菌种菌丝粗壮，浓白，生长均匀、旺盛；差的菌种菌丝干燥，收缩或萎蔫，菌种颜色不正，打开棉花塞菌丝有异味。

（2）菌丝长势鉴定。将待鉴定菌种接种到其适宜的培养基上，置于最适温度、湿度条件下培养，如果菌丝生长迅速、整齐浓密、健壮，则表明是优良菌种，否则是劣质菌种。

（3）抗性鉴定。待鉴定菌种接种后，在适宜温度下培养一周，一般菌类提高培养温度至30℃，凤尾菇、灵芝等高温型菌为35℃，培养4h，菌丝仍能正常健壮生长则为优良菌种，若菌丝萎蔫则为劣质菌种；或者改变培养基的干湿度，若能在偏干或偏湿培养基上生长健壮的菌种为优良菌种，否则为劣质菌种。在1 000mL培养基中加入16~18g琼脂为湿度适宜，加入小于15g琼脂制成的培养基为偏湿培养基，加入大于20g琼脂为偏干培养基。

（4）分子生物学鉴定。采集待鉴定菌种的菌丝用现代生物技术进行同工酶、DNA指纹图谱等比较分析，鉴定菌种的纯正性。

（5）出菇试验。将菌种接种培养料进行出菇生产，观察菌丝生长和出菇情况。优良菌种菌丝生长快且长势强，出菇早且整齐，子实体形态正常，产量高，转潮快且出菇潮数多，抗性强，病虫害发生少。

**2. 常见食用菌母种质量鉴定**

（1）香菇。菌丝洁白，呈棉絮状，菌丝初期色泽淡较细，后逐渐变白粗壮。有气生菌丝，略有爬壁现象。菌丝生长速度中等偏快，在24℃下约13d即可长满试管斜面培养基。菌丝老化时不分泌色素。

（2）木耳。菌丝为白色至米黄色，呈细羊毛状，菌丝短，整齐，平贴培养基生长，无爬壁现象。菌丝生长速度中等偏慢，在28℃下培养，约15d长满斜面培养基。菌丝老化时有红褐色珊瑚状原基出现。菌龄较长的母种，在培养基斜面边缘或底部出现胶质状、琥珀状颗粒原基。

（3）平菇。菌丝白色，浓密，粗壮有力，气生菌丝发达，爬壁能力强，生长速度快，25℃约7d就可长满试管培养基斜面。菌丝不分泌色素，低温保存能产生珊瑚状子实体。

（4）双孢蘑菇。菌丝白色，直立、挺拔，纤细、蓬松，分枝少，外缘整齐，有光泽。分气生型菌丝和匍匐型菌丝两种，一般用孢子分离法获得的菌丝多呈气生型，菌丝生长旺盛，基内菌丝较发达，生长速度快；用组织分离法获得的菌丝呈匍匐型，菌丝纤细而稀疏，贴在培养基表面呈索状生长，生长速度偏慢。菌丝老化时不分泌色素。

（5）金针菇。菌丝白色，粗壮，呈细棉绒状，有少量气生菌丝，略有爬壁现象，菌丝后期易产生粉孢子，低温保存时，容易产生子实体。菌丝生长速度中等，25℃时约13d即可长满试管培养基斜面。

（6）草菇。菌丝纤细，灰白色或黄白色，老化时呈浅黄褐色，菌丝粗壮，爬壁能力强，多为气生菌丝，培养后期在培养基边缘出现红褐色厚垣孢子，菌丝生长速度快，33℃下培养4~5d即可长满试管培养基斜面。

## 二、原种、栽培种质量的鉴定

### 1. 好的原种和栽培种具备的特征

（1）菌种瓶或菌袋完整无破损，棉塞处无杂菌生长，菌种瓶或菌袋上标签填写内容与实际需要菌种一致。

（2）用转管次数3次以内的母种生产的原种和栽培种。

（3）一般食用菌的原种和栽培种，在20℃左右常温下可保存3个月；草菇、灵芝、凤尾菇等高温型菌则保存1个月，超过上述菌龄的菌种就已老化，老化的表现为培养基干缩与瓶壁或袋壁分离，出现转色现象，出现大量菌瘤，不应用于生产，即使外观上看去健壮也不能再用，否则影响生产。

（4）原种和栽培种的外观要求。①菌丝健壮、绒状菌丝多，生长整齐。②菌丝已长满培养基，银耳的菌种还要求在培养基上分化出子实体原基。③菌丝色泽洁白或符合该菌的颜色。④菌种瓶内无杂色出现和杂菌污染。⑤菌种瓶内无黄色汁液渗出。⑥菌种培养基不能干缩与瓶壁分开。

### 2. 常见食用菌原种、栽培种质量鉴定

常见食用菌原种、栽培种质量鉴定见表3–1。

**表3–1　常见食用菌原种、栽培种质量鉴定**

| 菌种 | 优良菌种特征 |
| --- | --- |
| 平菇 | 菌丝洁白，粗壮，密集，尖端整齐，长势均匀，爬壁力强，菌柱断面菌丝浓白，清香，无异味，发菌快，后期有少量珊瑚状小菇蕾出现，菌龄约25d |
| 香菇 | 菌丝洁白，粗壮，生长旺盛，后期见光易分泌出酱油色液体，在菌瓶或菌袋表面形成一层棕褐色菌皮，有时表面会产生小菇蕾，菌龄约40d |
| 木耳 | 菌丝洁白，密集，棉绒状，短而整齐，菌丝发育均匀一致，培养后期瓶壁或袋壁周围会出现褐色、浅黑色梅花状胶质原基，菌龄约40d |

续表

| 菌种 | 优良菌种特征 |
| --- | --- |
| 双孢蘑菇 | 菌丝灰白带微蓝色，细绒状，密集，气生菌丝少，贴生菌丝在培养基内呈细绒状分布，发菌均匀，有特殊香味，菌龄约50d |
| 金针菇 | 菌丝白色，健壮，尖端整齐，后期有时呈细粉状，伴有褐色分泌物，菌龄约45d |
| 草菇 | 菌丝密集，呈透明状的白色或黄白色，分布均匀，有金属暗红色的厚垣孢子，菌龄约25d |

## 第六节　菌种的保藏

菌种保藏是为了防止优良菌种的变异、退化、死亡以及杂菌污染，确保菌种的纯正，从而使其能长期应用于生产及研究。菌种保藏的主要原理是通过采用低温、干燥、冷冻及缺氧等手段最大限度地降低菌丝体的生理代谢活动，抑制菌丝的生长和繁殖，尽量使其处于休眠状态，以长期保存其生活力。常用的菌种保藏方法有斜面低温保藏、液状石蜡保藏、自然基质保藏、液氮超低温保藏。

### 一、斜面低温保藏

斜面低温保藏是最简单最普通的菌种保藏法，也是最常用的一种菌种保藏方法，几乎适用于所有食用菌菌种。具体方法：首先将要保藏的目标菌种接种到新鲜斜面培养基上，在适温下培养，待菌丝长满整个试管斜面后，将其放入4℃冰箱保藏。草菇菌种保藏温度应调至为10～13℃。斜面低温保藏菌种的培养基一般采用营养丰富的PDA培养基，为了减少培养基水分的蒸发，尽可能地延长菌种保藏时间，在配制培养基的时候可以适当调高琼脂的用量，一般增大到2.5%；同时在培养基中添加0.2%的磷酸二氢钾以中和菌丝代谢过程中产生的有机酸，也可以延长菌种保藏的时间。常用同一种培养基保存，则菌丝的生长能力有下降的趋势，可更换其他类型的培养基。

斜面低温保藏法适用于菌种的短期保藏，保藏时间一般为3~6个月，临近期限时要及时转管。最好在2~3个月时转管1次，转管时一定要做到无菌操作，防止杂菌污染，一批母种转管的次数不宜太多，防止菌龄老化。保藏的菌种在使用时应提前1~2d从冰箱中取出，经适温培养后活力恢复方能转管移植。

## 二、液状石蜡保藏

液状石蜡保藏又称矿物油保藏，是用矿物油覆盖斜面试管保藏菌种的一种方法。液状石蜡能隔断培养基与外界的空气、水分交流，抑制菌丝代谢，延缓细胞衰老，从而延长菌种的寿命，达到保藏目的。具体方法：首先将待保藏的菌种接种至PDA培养基上，适温培养使其长满试管斜面；然后将液状石蜡装入三角瓶中加棉塞封口，121℃、1h高压蒸汽灭菌，待灭菌彻底后将其放入40℃烘箱中烘烤8~10h，使其水分蒸发至石蜡液透明为止。冷却后在无菌操作条件下用无菌吸管将液状石蜡注入待保藏的菌种试管内，注入量以淹过琼脂上部1cm为宜，试管塞上无菌棉塞，在室温下垂直放置保藏，液状石蜡油保存不宜放入3~6℃的低温中，否则多数菌丝易死亡，应以10℃以上的室温保存为宜。

液状石蜡保藏法适用于菌种的长期保藏，一般可保藏3年以上，但最好1~2年转接1次，使用矿物油保藏菌种时，不必倒去矿物油，只需用接种工具从斜面上取一小块菌丝块，原管仍可以重新封蜡继续保存。刚从液状石蜡菌种中移出的菌丝体常沾有石蜡，生长较弱，要再移植1次，方能恢复正常生长。液状石蜡保藏法的缺点是菌种试管必须垂直放置，占地多，运输交换不便，长期保藏棉塞易沾灰污染，可换用无菌橡皮胶塞，或将棉塞齐管口剪平，再用石蜡封口。

## 三、自然基质保藏

**1. 麸皮保藏法**

水与新鲜麸皮按 1∶0.8 的比例混合拌匀，装入试管，占管深的 2/5，洗净管壁，加棉塞，121℃ 灭菌 40min，接入菌种，24~28℃培养 6~8d，菌丝在培养基表面延伸即可。用真空泵抽干试管内水分，棉塞上滴加无菌凡士林，置干燥器内常温下保存，2~3 年转接 1 次。

**2. 木屑保藏法**

此法适用于木腐菌。利用木屑培养基作保藏木腐菌用的培养基比使用 PDA 培养基稍好，因为木屑培养基上菌丝生长容易而且菌丝量大，有利于菌种保藏。具体方法是按配方（阔叶树木屑 78%，麸皮 20%，蔗糖 1%，石膏 1%，料水比 1∶0.8）配制培养基，装入试管中，占管深 3/4，121℃ 灭菌 1h，接入菌丝，24~28℃培养，待菌丝长满木屑培养基时取出，在无菌操作下换上无菌的橡皮塞，最后放入冰箱冷藏室中 3~4℃下保藏，1~2 年转管 1 次即可。

**3. 麦粒保藏法**

取健壮麦粒，淘洗后浸水 15h（水温 20℃），捞出稍加晾干，装入试管，装量以 1/4~1/3 为宜。然后灭菌，灭菌后趁热摇散，放置冷却，向每支试管内接菌丝悬浮液 1 滴，摇匀，在 24~26℃下培养。当大多数麦粒出现稀疏的菌丝体时，终止培养，保藏在冷凉、干燥处（麦粒含水量不超过 25%）。

**4. 粪草保藏法**

此法适用于草菇、双孢菇等草腐性菌类的菌种保藏，具体方法是取发酵培养料，晒干除去粪块，剪成 2cm 左右，在清水中浸泡 4~5h，使料草浸透水，然后取出，挤去多余的水分，使培养料的含水量在68%左右。装进试管，要松紧适宜。装好后清洗瓶壁，塞上棉塞，进行高压灭菌2h。冷却后，接入要保藏的菌种，在25℃下培养。菌丝长满培养基后，在无菌操作下换上无菌胶塞并蜡封，放在冰箱2℃下保藏，2年转管1次。

# 第四章　消毒与灭菌

灭菌：指杀灭或去除物体上所有微生物的方法，包括抵抗力极强的细菌芽孢和厚垣孢子。

消毒：指杀死物体上病原微生物的方法，芽孢或非病原微生物仍可能存活。用以消毒的药品称为消毒剂。

防腐：防止或抑制体外细菌生长繁殖的方法。

无菌：指没有活菌，防止细菌进入其他物品的操作技术称为无菌操作。

## 第一节　物理法

物理消毒与灭菌的方法主要有热力灭菌法、紫外线杀菌法和过滤除菌法等。

### 一、热力灭菌法

热力灭菌法是利用高温热能使蛋白质或核酸变性以达到杀死微生物的目的。热力灭菌分干热灭菌和湿热灭菌两大类。

**1. 干热灭菌**

（1）烧灼。适用于实验室内金属器械、玻璃试管口和瓶口等的灭菌。

（2）干烧。在干烤箱内加热至160~170℃并维持2h，可杀灭包括芽孢在内的所有微生物，适用于耐高温的玻璃器皿、注射器等的灭菌。

**2. 湿热灭菌**

采用湿热灭菌可在较低的温度下达到与干热灭菌相同的灭菌

效果。常用的湿热灭菌法有以下几种。

（1）煮沸法。微生物营养体一般在100℃、5min以上，芽孢在100℃维持2h以上即可被杀灭。煮沸法常用于金属器械的消毒。

（2）流通蒸汽消毒法。在常压下利用100℃的水蒸气进行消毒，15~30min可杀灭细菌营养体，但不保证杀灭芽孢。

（3）间歇灭菌法。利用反复多次加热的流通蒸汽杀灭所有微生物，包括芽孢。适用于不耐高热的含糖或牛奶的培养基的灭菌。

（4）高压蒸汽灭菌法。可杀死包括芽孢在内的所有微生物，是灭菌效果最好、应用最广泛的灭菌方法。

### 二、紫外线杀菌法

紫外线具有杀菌作用，穿透力较弱，一般用于接种室、实验室的空气消毒。紫外线可损伤皮肤和角膜，应注意防护。

### 三、过滤除菌法

过滤除菌法是利用物理阻留的方法将液体或空气中的细菌除去，以达到无菌的目的。

## 第二节　化学法

化学消毒与灭菌的方法是用化学药品来达到杀灭或抑制杂菌生长与繁殖的目的。消毒剂主要用于体表、器械和环境等的消毒。

### 一、乙醇

乙醇又称酒精，是最常用的表面活性消毒剂，无色透明，有强烈酒味，易燃。乙醇的杀菌力与浓度有关，以浓度为70%~75%的渗透力最强，杀菌效果最好。

在食用菌制种中，主要用于皮肤、器皿和组织分离时种菇表面的消毒，以及显微镜载片、盖片的浸泡消毒。

## 二、福尔马林

福尔马林又名甲醛水，是一种常用的有机杀菌剂。一般来说，0.1%～0.25%甲醛溶液在6～12h内能杀灭细菌、芽孢和病毒。

在食用菌制种过程中，常用福尔马林原液挥发产生的气体对培养室特别是旧菇房进行空间熏蒸消毒。

## 三、升汞

升汞也称氯化汞，是重金属盐杀菌剂，对细菌的杀灭力强。制种中进行孢子分离和耳（菇）组织分离时，一般用0.1%～0.2%升汞溶液对子实体和分离材料做表面擦拭，通过浸泡和擦拭达到表面消毒的效果。

由于汞盐对金属有腐蚀作用，故只能用于非金属器皿的消毒。升汞溶液对人、畜有剧毒，使用时要特别注意安全。

## 四、苯酚和煤酚皂溶液

### 1. 苯酚

苯酚简称酚，俗称石炭酸，是有效的常用杀菌剂。苯酚性能比较稳定，无腐蚀金属的作用。通常用3%～5%苯酚溶液对接种室和培养室空间进行喷雾消毒，使用时要注意，1.5%以上的苯酚溶液对皮肤有刺激性。

### 2. 煤酚皂溶液

煤酚皂溶液俗称来苏水，是一种表面活性消毒剂。在食用菌制种中，常用1%～2%煤酚皂溶液擦洗接种箱、用具和双手，用3%煤酚皂溶液浸泡器皿2min进行消毒等。

## 五、新洁尔灭和冰醋酸

### 1. 新洁尔灭

新洁尔灭为阳离子型表面活性杀菌剂，一般稀释为0.25%的水溶液，用来消毒双手和试管等小型器皿。

### 2. 冰醋酸

冰醋酸也称冰乙酸，是一种强有机酸杀菌剂。它对人无毒害，易挥发，易被碱性物质中和而无残留，其强烈杀伤力对生物体不会产生抗药性。在食用菌生产中，常用于制种、生料栽培、开放接种、空间消毒等，浓度为0.5%，用量为5~8mL/m$^3$。加热熏蒸要密闭门窗30min以上，使用时注意不要接触金属物品，以免腐蚀。

## 六、高锰酸钾和多菌灵

### 1. 高锰酸钾

高锰酸钾是一种常用的强氧化剂。在食用菌生产中，常用0.1%~0.2%高锰酸钾溶液对床架、器皿和皮肤等表面进行消毒。注意要随配随用。

### 2. 多菌灵

多菌灵为广谱内吸性杀真菌剂。在食用菌病害防治中，常将粉剂或乳剂配成0.25%的水溶液进行喷雾消毒。在生料栽培中，常配成0.1%~0.2%的水溶液用于拌料。

## 七、生石灰

生石灰是一种广泛使用的杀菌剂，在发菌室、菇房的地面及周围环境，可用其进行消毒。在堆制培养料时，也常常要加些生石灰，生石灰不仅有消毒灭菌的作用，同时还可以调节培养料的pH值。石灰价廉易得，为保证消毒效果，最好选用刚出窑的新烧制石灰。

## 八、硫黄

硫黄是一种使用很方便的无机杀菌剂。在食用菌生产中，常用于发菌室、菇房等空间的熏蒸消毒。

# 第五章　食用菌栽培技术

## 第一节　金针菇

金针菇性寒、味咸，能利肝脏，益肠胃，增智慧，抗癌。金针菇因氨基酸含量高而著称，尤其是精氨酸和赖氨酸含量高，前者可预防肝炎和胃溃疡，后者能增加儿童身高、体重和记忆力。金针菇含有的朴菇素是一种高分子量碱性蛋白，对肿瘤具有明显的抑制作用，也有延长动物寿命的作用；还含有毒心蛋白，具有降血压、抗癌作用。金针菇柄中的大量植物性纤维可吸附胆酸，降低胆固醇，促使肠胃蠕动，强化消化系统功能，是一种理想的保健食品。

金针菇具有栽培周期短、原料广、较易栽培、价格好、栽培效益高等特点，随着人民生活水平的提高，国内外金针菇需求量越来越大，发展金针菇生产，对增加农民收入、提高人民健康水平具有积极的意义。

### 一、栽培季节确定和菌种制备

#### 1. 栽培季节确定

自然条件下栽培金针菇时，栽培季节确定的依据是金针菇的出菇适温（8～14℃），将金针菇的出菇期安排在低温季节为宜，各地应根据当地的气候特点合理安排，人工控温条件下可周年生产金针菇。

#### 2. 菌种制备

有条件时可从母种—原种—栽培种进行制种，按生产规模备足菌种量；无条件时可向生产厂家定购栽培种。不管哪种方式，菌种必须菌龄适宜、菌丝粗壮、洁白、有细粉状菌丝、纯正、无杂菌和害虫。

## 二、培养料配制

### 1. 参考配方

（1）玉米芯75%，麸皮或米糠23%，糖1%，石膏粉1%。

（2）棉籽壳88%，米糠或麸皮10%，糖1%，石膏粉1%。

（3）棉籽壳78%，米糠或麸皮20%，糖1%，石膏粉1%。

（4）棉籽壳40%，玉米芯37%，麸皮或米糠20%，糖1%，石膏粉1%，石灰1%。

（5）木屑（阔叶树）77%，麸皮或米糠20%，糖1%，石膏粉1%。

### 2. 拌料

按配方将所有原料充分拌匀，调水使含水量达62%~65%。拌好的培养料应当天装袋灭菌，否则培养料发热发酸导致pH值降低，影响菌丝生长。

## 三、栽培方法

### （一）塑料袋墙式栽培

### 1. 装袋

栽培袋为17cm×50cm的聚乙烯筒袋，在袋中间装料约20cm长，每袋约装干料400g，袋口两端各留筒膜15cm，待以后出菇用。料装好后用纤维绳扎紧及时灭菌。

### 2. 灭菌

装袋后应立即装锅灭菌，高压（150kPa）灭菌1.5~2h，常压（100℃）灭菌10~12h。灭菌时料袋应直立排入，袋间留出适当的间隙，以便湿热蒸气的流通与穿透，同时灭菌后减压要慢，防止挤压使料袋变形，如料袋变形，容易造成培养料与袋壁分离而引起袋壁出菇，影响出菇的整齐度与商品性。

**3. 接种**

料袋灭菌后，待料温降到30℃时，即可接种。接种的关键是严格无菌操作，接种技术要正确熟练，动作要轻、快、准，以减少操作过程中杂菌污染的机会。

**4. 发菌**

将接种后的菌袋移入培养室的床架上进行发菌培养。发菌期要创造适宜的条件，以促进菌丝健壮生长。

金针菇菌丝生长的最适温度为23℃，温度过高或过低都会降低其生长速度，在发菌过程中，由于菌丝呼吸作用产生热量，料温比气温高2~4℃，所以气温控制在19~21℃为宜。温度偏高时，菌丝生长弱，而且容易感染杂菌；温度过低时，菌丝生长慢，且易在未发满菌丝时就出菇。在发菌期间，为使菌丝受温一致、发菌均匀，每隔7~10d，将床架上下层及里外放置的菌袋调换一次位置。发菌期间温度超过24℃以上时，要及时通风降温。发菌期间空气相对湿度要低些，不需要喷水，保持60%~65%即可，湿度过大，杂菌污染的概率就会增加。发菌最好在黑暗中进行，这样菌丝生长速度快且不易老化，出菇整齐。发菌期间加强通风，及时排出菌丝生长过程中产生的二氧化碳，保持空气新鲜，促使菌丝健壮生长。

**5. 码袋、搔菌**

菌丝即将满袋时，及时搬入栽培室进行搔菌。先将菌袋码成高5~10层的菌墙，长度不限。

菌墙码好后，拉开扎绳，将袋两头筒膜翻转至略高于料面，及时搔菌。

**6. 催蕾、抑蕾**

在菌墙两端各放两根木棒，木棒间应略宽于料袋，分别在两端两根木棒顶端之间位置上拴一根横棒，再用两根细铁丝拴在横棒两侧并拉紧，最后将报纸或薄膜盖在铁丝上并喷水保湿。报纸可起到遮光保湿的作用，同时可有效地防止报纸压住袋口而影响出菇。保持空气湿润，2~3d后培养基表面就会长出一层新菌丝，随后每天揭开报纸或地膜2~3次，加强通风换气，过几天培养基表面就会出现琥珀色水珠，即菌原基，这是出菇前兆。催蕾最适温度为12~13℃，湿度为80%~85%。再过2~3d，蕾原基继续分化成丛生小菌蕾（长1~2cm），这时就要进行抑菌，促使菌蕾整齐一致地向上生长。抑制的方法可采取低温和吹风措施，温度保持在4~5℃，用小电动机吹风2~3d，如无此条件，现蕾后在夜晚揭开袋口报纸或地膜，打开门窗，让冷风吹2~3d，也可达到促使菌蕾整齐生长、菌柄增粗的效果。

**7. 适时拉袋**

抑蕾结束后，当新形成的菇蕾长至4~5cm高时，可拉直袋口。注意不可拉袋过早，否则易造成菌袋中间菇蕾缺氧而不能充分发育，导致产量下降。拉高袋的目的是增加袋内二氧化碳浓度和空气相对湿度。根据栽培室的通风状况和栽培规模的大小，拉直袋口的时间可以1次完成，也可以2次完成。

**8. 出菇管理**

经抑制后，再盖上报纸，就可转入正常的出菇管理，每天打水1~2次，维持室温在8~13℃，空气相对湿度为80%~85%。每天打水前，揭开报纸或地膜通风片刻，然后再盖报纸或盖膜打水。这样连续管理6~7d，就可培养出优质的金针菇。当菌柄长度达13~18cm、盖菌直径达0.8~1cm时就可以采收。

**9. 采后管理**

金针菇采收后要进行灌水和补充营养，两者可以结合进行，一般用0.5%糖水、0.1%尿素溶液灌袋，浸泡5~6h，然后进行搔菌、催蕾、抑制和常规管理，如此反复，可采收2~3潮菇。

**（二）瓶栽**

**1. 装瓶、灭菌、接种**

750mL的菌种瓶、化工瓶（广口瓶）以及500mL的罐头瓶，都可用来栽培金针菇，以口径 5cm 左右的无色透明化工瓶最为理想。培养料装瓶时，下部要松一些，以利于发菌，上部要装得紧一些，可用捣木捣实，以免水分过快蒸发。培养料通常装至瓶肩以下，压平后，在中间打接种孔。瓶口用双层牛皮纸、聚乙烯薄膜、聚丙烯薄膜或农用尼龙编织袋封盖。如用牛皮纸作封口材料，培养料要适当添加用水量，否则，由于水分蒸发而不利于出菇。特别是在保温培养的情况下，菌丝虽然可以在基质内生长，但因表面干燥而不长菌丝，后期很容易被霉菌污染。有条件时，可用泡沫塑料或纤维做成微孔瓶盖封口，只要把瓶盖拧紧即可。

装瓶后，用高压或常压蒸气灭菌，冷却后接种。每瓶接入蚕豆块大小的菌种一块，一瓶原种可接种 80~100 瓶。

**2. 菌丝培养**

将菌种瓶放在 22~26℃的温室内培养，因瓶内温度往往比室温高 2~3℃，因此，室温保持在 18~20℃即可。为便于调节室温，在床架上选有代表性的菌种瓶 3~5 个，每瓶插入一支温度计，以检查温度。

在适温下，接种后 2~3d，菌丝开始恢复生长，8~10d 可长到瓶肩以下，同时底部菌丝也开始发育，此后，瓶内菌丝上下一起长，一般只要 20~25d，瓶内菌丝即可长满。为促使室内菌丝发育速度均衡，以利于出菇管理，在培养过程中，要经常转瓶和移位。菌丝培养期间，室内应保持干燥，相对湿度应控制在 65%以下，从而有效地降低污染率。

**3. 搔菌、催蕾**

所谓搔菌，就是将完成接种任务的老种块去掉，并松动培养基表面已开始老化的菌丝。如不进行搔菌处理，原基大都集中在老种块上发生，原基数量少，发生时间也不够整齐。搔菌后，培养基上面的菌丝接触到空气后能够很快恢复生长，能在整个培养基表面很整齐地形成大批的原基。

要注意掌握好搔菌的时机，一般在菌丝长满培养料的 9/10，即快要满瓶时进行。搔菌的工具是一根用 8 号铁丝锻成的扁平小铲，最好多准备几根，轮流烧灼使用，以免带入杂菌。搔菌后，要将表面松动的培养基压平，否则，松动的培养基很容易干燥，并且很容易造成污染。

搔菌后，一般不要再盖瓶盖，在瓶口放一张用水喷湿的报纸即可。为了促进原基的形成，室温应降至10~12℃，相对湿度应提高到80%~85%，而且室内要保持黑暗。在低温处理后10~14d，培养基表面菌丝变成褐色，并出现许多小水珠，接着就会形成大量原基。搔菌之后，若不进行低温处理，室温继续保持在18℃左右，菌丝会很快老化，不但推迟出菇时间，而且很难获得好的收成。搔菌后，瓶内含水量对出菇影响特别重要，如空气湿度过低，瓶内培养基逐渐干燥，就会在表面出现很浓的气生菌丝，出菇不均匀；若空气湿度过高，原基下部会出现大量暗褐色液滴，引起病害。

**4. 抑蕾**

当原基继续发育成丛生小菌蕾时，就要进行抑蕾，促使菌蕾整齐一致地向上生长。应放在3~5℃的低温环境下进行抑蕾，相对湿度控制在80%~85%，并经常通风。因为金针菇的子实体在10~12℃时生长最快，但菇柄长，质量差。若能满足上述条件，则可形成菌柄挺立、脆嫩、色白的子实体，而且出菇也比较整齐。经过5~7d的培养，即可进入出菇管理。

**5. 出菇管理**

当菌柄长到2~3cm高，并开始长出瓶口时，菌盖已开始分化，要及时移到出菇室进行低温培养。室温控制在5~8℃，相对湿度以75%~80%为好，这样，子实体才能正常生长，并提高菇的品质。菌柄长出瓶口2~3cm时，要在瓶口套上一个用蜡纸或塑料做成的套筒（也可以使用其他质地较韧的纸）。套筒不要做成齐筒形，上大下小，开角15°，下面可以预先留4个小孔，以便空气从下部流入，加套筒的目的是让子实体在避光、低湿、缺氧的条件下，形成色白、脆嫩、柄长、盖小的子实体。套筒的时间不能太早，否则，只有瓶子中间的菇能长长，而周围的菇都长不长，或只能形成不太粗的针状畸形菇，不长菌盖。旧法生产不用套筒，瓶内很早就出现菌盖，产量一般不高。另一种方法是开始可用短一些的套筒，高 7~8cm，2~3d 后，根据子实体的生长情况，再换上另一个高一些的套筒，高 10~12cm，这样可以使菇柄继续向上生长。在出菇期间，除菇房经常保持潮湿外，在套筒上可喷少量清水，但绝不能往瓶内喷水。近来也有人在瓶口套上一个塑料袋，再用橡皮筋扎住，随着菇柄生长，将塑料袋向上提升，这样也能获得品质优良的产品。

**6. 采收和再生菇管理**

当菌柄长到 13~14cm 高时，去掉套筒，将整丛菇从培养基上取下来。一般来说，从接种到采收需 50~60d。以木屑培养基为例，一个 750mL 的瓶子，可长 50~150 个子实体，鲜重 100~140g。瓶栽金针菇一般可采收两批，如果湿度不够，第二批菇蕾便很难生长，10~15d 后，若没有菇蕾长出，可在培养基表面喷少量清水，切勿过多，一旦有菇蕾发生，便要停止在培养基表面喷水。第二批菇数量要少一些，质量也比前一批差，每瓶可采鲜菇 60~80g。

## 第二节　鸡腿菇

鸡腿菇栽培原料丰富，有各种农作物秸秆、棉籽壳、玉米芯、杂草、畜禽粪、废菌料等；鸡腿菇菌丝生长快，抗杂菌能力强，易栽培成功；鸡腿菇出菇期长，产量高，价格稳定，栽培效益高，是近年来发展较快的食用菌之一，具有较高的推广价值。

### 一、栽培场所

鸡腿菇的栽培场所可因地制宜，尽量利用闲置房屋及空闲地，也可利用日光温室进行地栽或与蔬菜、果树等作物套栽。

（1）在菇房内搭多层床架栽培。

（2）日光温室内地栽或者与其他作物套栽。

（3）露地搭小拱棚畦栽。

（4）空闲地（如房屋前后，林、果树下等）搭荫棚或小拱棚栽培。

## 二、栽培季节确定和菌种制备

### 1. 栽培季节确定

鸡腿菇子实体生长的适宜温度为自然条件下确定栽培季节的关键是子实体的生长温度，鸡腿菇的出菇期安排在当地气温（或室温、棚温）稳定在10℃以上的季节。夏季高温（高于24℃）持续时间不长时，可采取遮阳、通风或喷水等措施调节，如果高温幅度大、持续时间长，可停止出菇，等气温稳定后再进行管理。

### 2. 菌种制备

选用适合本地气候、产量高、品质优、商品性好的优良菌株，按栽培季节，培育出足量、健壮、纯正、适龄的优质栽培种，无条件制种的可向制种厂家定购适龄的栽培种。

## 三、塑料袋栽培

### （一）熟料制作

#### 1. 培养料配制参考配方

（1）棉籽壳87%，米糠或麸皮10%，尿素0.5%，石灰1.5%，石膏1%。

（2）玉米芯（粉碎）87%，米糠或麸皮10%，尿素0.5%，石灰1.5%，石膏1%。

（3）麦草（粉碎）47%，玉米芯（粉碎）40%，米糠或麸皮10%，尿素0.5%，石灰1.5%，石膏1%。

（4）棉籽壳40%，玉米芯（粉碎）46%，米糠或麸皮10%，尿素0.5%，糖1%，石灰1.5%，石膏1%。

**2. 配制方法**

按照配方将所有原料充分拌匀，再调水，使含水量达60%~65%，以手紧握培养料指缝有水渗出但不滴下为度，加石灰使培养料pH值为8左右。

**3. 装袋、灭菌**

塑料袋选择宽17~23cm、长40~45cm、厚0.04cm的聚丙烯(高压灭菌)或聚乙烯（常压灭菌）袋，用手工或装袋机装料，要求装料均匀，松紧适度，袋两头用扎绳扎紧，装好的袋应立即灭菌（高压1.4kg/cm$^2$，保持2.5~3h；常压100℃，保持10~12h)。

**4. 接种、发菌**

灭菌后的料袋冷却后搬入接种室或接种箱，严格消毒后进行两头接种，接种量以完全覆盖袋口料面为好，袋两头用扎绳扎口，但不宜过紧，最好用套环，通气盖封口。接好种的菌袋搬入24~26℃的温度下发菌，菌袋码放可以根据发菌温度灵活掌握，温度高码放的层数要少，袋间距离大，温度低可码放大堆，但要经常检查，防止烧菌，一般30d左右菌丝可长满袋。

**(二) 发酵—熟料制作**

**1. 培养料配制参考配方**

(1) 棉籽壳76%~87%，干牛粪10%~20%，尿素0.5%~1%，石灰1.5%~2%，石膏1%。

(2) 麦草（粉碎）37%，玉米芯40%，干鸡粪10%，米糠10%，石灰2%，石膏1%。

(3) 玉米芯（粉碎）77%，干鸡粪10%，米糠10%，石灰2%，石膏1%。

**2. 配制方法**

先将干粪粉碎，将等量麦草或玉米芯或棉籽壳，充分拌匀，使含水量为65%左右，堆成高1m、宽1.5~2m的堆进行发酵，当温度达到60℃时翻堆，共翻2~3次，再与其他原料拌匀，并调水至含水量65%左右，建成高1m、宽1.5~2m的堆，温度至60℃翻堆2次。

**3. 装袋灭菌**

装袋同熟料，装好的料袋用常压灭菌（100℃保持4~6h）。

**4. 接种、发菌**

接种、发菌方法同熟料制作。

**（三）发酵料制作**

**1. 培养料配制参考配方**

（1）棉籽壳80kg，干牛粪20kg，尿素0.5~1kg，磷肥2kg，石灰3kg，水150~160kg。

（2）玉米秆60kg，棉籽壳20kg，干牛粪20kg，尿素1kg，磷肥2kg，石灰3kg，水150~160kg。

**2. 配制方法**

将各种原料充分拌匀，建成高1m、宽1.5m的堆，覆盖薄膜发酵，当温度达60℃时保持12h，共翻2~3次。最后一次翻堆时喷杀虫剂，盖严膜杀虫。

**3. 拌种装袋**

将料摊开降至常温（26℃以下），拌上10%~20%的菌种，及时装袋，移至20℃以下的环境下发菌，20~30d可发满。

**（四）脱袋、排床**

以菇棚地面栽培为例介绍脱袋排床方法。搬袋前2~3d整平菇棚的地面，用杀虫剂和杀菌剂对菇棚进行杀虫、消毒处理，并在地面上撒适量的石灰粉。再将发满菌丝的菌袋搬入菇棚，剥去塑料袋，排放菌床，菌床南北向，北面距墙70cm左右，南面空出30cm左右，菌棒的长向与菌床的宽向平行，棒与棒间留5cm左右的间隙，每一菌床排放两列菌棒，列间紧靠不留间隙，两菌床之间留25~30cm（作为走道和浇水渠）。

### （五）覆土、洗水

菌床排好后，用处理好的土壤（土中拌2%石灰，再用1%敌敌畏和2%高锰酸钾或多菌灵喷洒，盖严闷堆3~4d）填满菌棒间隙，床面及边缘再覆3~4cm厚的土壤，然后向床间走道及南面走道浇水，使水渗透菌床，边渗边向床面及边缘补土，保持3~4cm厚的覆土。

### （六）保温、吊菌

待床面覆土不粘手时立即整平床面，覆盖薄膜保湿吊菌，吊菌期间菇棚温度为21~26℃，每天揭膜适量通风1~2次，促使菌丝向土中生长，以菌丝长透整个覆土层为好。

### （七）通风、催蕾

当菌丝长满、长透覆土层后，加大菇棚通风量，并适量向床面喷水（若土层湿度大可不喷水），促使菌丝扭结形成菇蕾。

### （八）二次覆土

二次覆土可使鸡腿菇的出菇部位降低，延长子实体在土中的生长时间，菇体个头大，肉质紧实，品质提高。当菌床扭结并有少量菇蕾时，再向床面覆盖1.5~2cm处理好的湿土（与第一次覆土处理方法一样，调水至手握成团但不粘手为宜）。

### （九）出菇管理

出菇期保持床面覆土湿润，并加强通风换气，当床面土壤较干时，向床间走道和南面渠道灌水，水面高度要始终低于床面覆土层，使水渗入覆土层，但不能漫过覆土层，否则造成土壤板结、湿度过大、出菇困难或烂菇，灌水还可提高菇棚的湿度。菇棚湿度保持在85%~95%，湿度低时可向墙体、走道喷水，一般不要向床面喷水，否则易造成菇体发黄或烂菇。

### （十）采收

鸡腿菇采收要及时，宜早不宜迟，当菌盖与菌柄稍有拉开迹象，手捏紧实时就要及时采收，手捏有空感甚至菌盖与菌柄松动时采收后不易保存，很快就会开伞变黑。采收时一手压住覆土层，一手捏住菇柄下端，左右轻轻摘下即可。

**（十一）后期管理**

当1潮菇采完后，及时清理菇根、死菇及杂物，补平覆土层，并喷2%石灰水，发现病害及时喷药防治，向走道及南面渠道灌水，进入正常管理。

### 四、发酵料床架栽培

**1. 工艺流程**

鸡腿菇类似于双孢菇，可利用菇棚（房）、日光温室等进行发酵料栽培，但鸡腿菇分解纤维素、木质素的能力比双孢菇强，且菌丝生长快，抗杂菌能力强，因此鸡腿菇培养料的发酵与双孢菇相比时间短、翻堆次数少、技术要求低。

**2. 铺料发菌**

在阳畦内或床架上（架面铺膜）铺上发酵好的培养料，料厚15~20cm，分三层播种，用种量10%左右，最后一层菌种撒在料表面，用木板轻轻拍平，料面覆盖3cm左右厚的湿土（处理方法同塑料袋栽培），20~30d菌丝可长满培养料和覆土层。

**3. 出菇管理**

当菌丝长满培养料和覆土层后，菇房（棚）应以降温、保湿为主，并给予适当的散射光，促使菌丝扭结形成原基。菇棚（房）温度控制在16~22℃，湿度控制在85%~95%，并适量通风换气，保持菇棚（房）内空气新鲜，促进子实体正常生长。

## 第三节 平 菇

平菇营养丰富，肉质肥嫩，味道鲜美，是人们十分喜爱的食用菌之一。据测定，平菇干物质中蛋白质含量为21.7%，含有18种氨基酸，其中8种为人体必需的氨基酸。据报道，经常食用平菇能调节人体新陈代谢，降低血压，减少胆固醇，对肝炎、胃溃疡、十二指肠溃疡、软骨病都有疗效。另据日本学者研究发现，平菇具有抑制癌细胞增生的作用，能诱导干扰素的形成。

## 一、平菇生料栽培技术

### （一）平菇栽培方法概述

（1）依据对培养料的处理方式可分为生料栽培、发酵料栽培、熟料栽培。

（2）依据栽培容器的不同可分为塑料袋栽培、瓶栽、箱栽等。

（3）依据栽培场所的不同可分为阳畦栽培、塑料大棚墙式栽培、床架栽培、林间畦栽、窑洞栽培等。

阳畦栽培平菇，其阳畦的剖面及出菇情况见图5-1。

### （二）平菇生料栽培

#### 1. 生料栽培的概念

生料栽培是指对培养料经药物消毒灭菌，或未经消毒而通过激活菌种活力并加大菌种用量来控制杂菌污染，完成食用菌栽培的方法。

#### 2. 培养料配制

要求主料占85%~90%，辅料占10%~15%，料水比为1∶1.5。例如，玉米芯87%，麦麸10%，石膏粉1%，石灰粉2%。

#### 3. 培养料药剂消毒灭菌

生产中常用的消毒药物及药量为多菌灵0.1%、食菌康0.1%、威霉0.1%。

#### 4. 播种

将菌种投放于培养料的过程称为播种，它与接种有不同之处。播种时要洗手、消毒，各种播种用具也要消毒。生产中常用的播种方法有以下几种。

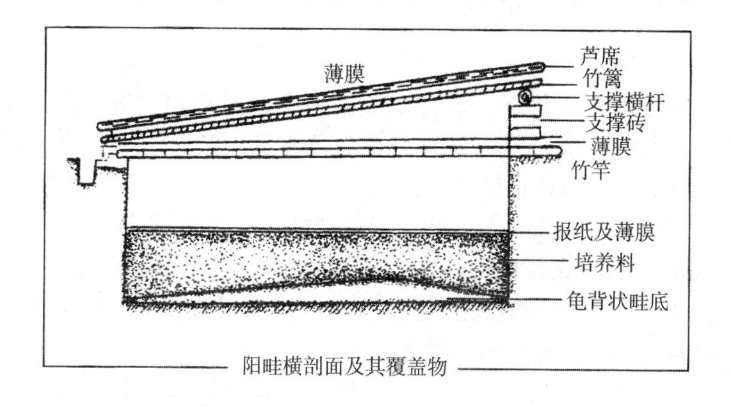

阳畦横剖面及其覆盖物

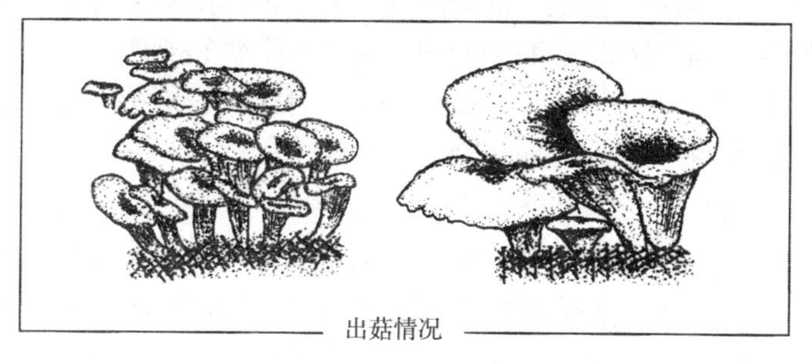
出菇情况

**图 5–1　阳畦栽培平菇**

（1）混播。将菌种掰成蚕豆大小的粒状，与培养料混合均匀后铺床或装袋，并在床面或料袋的两端多播一些菌种。床栽时，播种后可用塑料薄膜覆盖床面，但要注意通气。袋栽时，袋口最好用颈口圈并加盖牛皮纸或报纸。

（2）层播。将菌种掰成蚕豆大小的粒状，播种时一层培养料一层菌种，并在床面或料袋的两端多播一些菌种。

（3）穴播。当菌种量较少时，为使播种均匀，可在床面上均匀打穴，播入菌种。

**5. 发菌**

菌丝体培养的过程和菌种培养的不同之处在于生料栽培的发

菌只能采用低温发菌，发菌温度不得高于18℃。

**6. 出菇管理**

在适宜的条件下，通常30d左右，菌丝即可“吃透”培养料，几天后菌床或菌袋表面出现黄色水珠，紧接着分化出原基，这时就应进行出菇管理。

(1) 温度的调控。一般在菌丝“吃透”培养料后，应给予低于20℃以下的低温和较大的温差，这有利于子实体的分化。

(2) 湿度的管理。出菇阶段要保持空气湿度为85%～90%，对地面可洒水，对空间可喷雾。

(3) 通风换气。平菇在子实体生长发育阶段，若通风不良，则会产生菌盖小、菌柄长的畸形菇，甚至出现菌盖上再生小菌盖的畸形菇。但通风时应有缓冲的过程，不能过于强烈。

(4) 光照的控制。在子实体生长发育阶段应给予一定的散射光，光线太暗也会出现畸形菇。

**7. 采收**

平菇的采收期要根据菇体发育的成熟度和消费者的喜好来确定，一般应在菌盖尚未完全展开时采收，最迟不得使其弹射孢子。

## 二、平菇熟料栽培技术

### (一) 熟料栽培的概念

熟料栽培是指对培养料经过高温高压或常温常压消毒灭菌后，通过无菌操作进行接种来完成食用菌栽培的方法。

### (二) 塑料袋熟料栽培工艺流程

平菇熟料大规模生产时，大都采用塑料袋栽培，塑料袋栽培便于规模化生产。

**1. 培养料配制**

和生料栽培相比，熟料栽培的辅料比例有所提高，一般主料占80%，辅料占20%，料水比约为1∶1.5。拌料一定要均匀，否则，等于改变了培养料的配方。生产中常用的培养料配方有以下几种。

（1）阔叶树木屑 50%，麦草 30%，玉米粉 10%，麸皮 8%，石膏粉 2%。

（2）玉米芯 77%，麸皮 20%，过磷酸钙 1%，石膏粉 2%。

（3）棉籽壳 90%，麸皮 8%，白糖 1%，石膏粉 1%。

**2. 装袋**

塑料袋可选用 17cm×38cm 或 24cm×45cm 的聚乙烯塑料袋，可用手工装袋，有条件的可用装袋机装袋。装袋时要松紧适宜，严防将塑料袋划破，袋口用细绳扎住。

**3. 灭菌**

常温常压灭菌时，要求料温达 100℃时开始计时，在此温度下维持 10~12h，灭菌一定要彻底，否则会造成无法弥补的损失。

**4. 接种**

灭菌后将料袋搬入接种室，并对接种室熏蒸消毒约 24h，等料温降到 20℃左右时即可接种。接种时一定要严格遵守无菌操作规程，打开袋口，将菌种接种于料袋的两端，并立即封口，速度越快越好。用颈口圈封口，有利于发菌。

**5. 发菌**

将接种好的料袋搬入发菌室，给予菌丝体生长的最适宜的环境条件，约 30d，菌丝“吃透”料袋。

**6. 出菇管理**

可打开袋口，码成 5~6 层的菌墙出菇，也可脱袋覆土出菇。覆土出菇时覆土的厚度 2~3cm，并浇透水。也可脱袋后用泥将菌柱砌成菌墙出菇，可以提高产量。其他管理同生料栽培。

## 第四节　金福菇

金福菇同其他食用菌一样是好氧性菌类，属草腐菌，以土壤中腐熟或半腐熟的粪草、作物秸秆的堆肥为营养源，适宜的培养料的碳氮比为（33~42）：1；菌丝体生长温度范围15~35℃，适宜温度25~30℃，子实体发生的温度为22~34℃。温度低于20℃或高于35℃，菌丝生长速度缓慢；温度低于10℃或高于40℃，菌丝停止生长。培养料适宜含水量65%，适宜pH值为4~8.5，最适pH值为6~7。

## 一、工艺流程

生产季节安排—安全备料—拌料—装袋—灭菌—冷却—接种—菌丝培养—菌包排架（开袋覆土）—出菇管理—采收加工。

## 二、技术要点

### 1. 生产季节安排

根据金福菇是高温型珍稀食用菌的生物学特性，南方季节性栽培可安排在春、夏、秋季出菇，北方季节性栽培可安排在夏、秋季出菇。就福建栽培而言，春夏季栽培可在3—4月播种，5—7月出菇管理；夏秋栽培可安排在7—8月播种，9—11月出菇管理。北方栽培一年一季，可安排在5—6月播种，7—9月出菇管理。金福菇的菌种生长速度较慢，通常750mL的菌瓶原种需要45~50d才能长满瓶，栽培种需30~35d满袋，制种或订购菌种的时间要提前做好安排。

### 2. 安全备料与配方

可用于金福菇栽培的原料种类较多，农林下脚料均可作为栽培的原料，如作物秸秆、稻草、甘蔗渣、玉米芯、棉籽壳、木屑等。

常用配方有以下两种。

（1）稻草切段60%，棉籽壳20%，麸皮18%，碳酸钙2%，含水量65%~68%。

（2）杂木屑70%，棉籽壳12%，麸皮16%，碳酸钙2%，含水量65%~68%。

**3. 培养料前处理**

培养料的预处理有发酵和不发酵两种工艺，不发酵的培养料菌丝培养成熟的时间较长，发酵培养料菌丝培养成熟的菌龄较短。堆制发酵的培养料通过 12d 左右的建堆—翻堆 1—翻堆 2—翻堆 3 的程序达到培养料半腐熟，建堆时除麸皮以外的其他培养料按配方比例混合堆制，堆高 1.5m、底宽 1.5m、上宽 1.2m，逐层撒入 1%~2%生石灰，堆温达到 65℃以上，发酵培养料可达到菌丝易消化吸收，减少杂菌污染，缩短出菇期，提高产量的效果。

**4. 装袋灭菌**

每袋装干料 400g 左右，采用常压灭菌工艺的菌袋规格是 17cm×(33~38)cm 的高密度低压聚乙烯菌袋，高压灭菌工艺的菌袋是相同规格的聚丙烯袋。拌料均匀，装袋松紧一致，料袋重量 1.3~1.5kg。常压灭菌 100℃，保持 10~12h；高压灭菌，保持 2~2.5h。

**5. 菌丝培养**

菌袋置于 25~30℃条件下培养，通常 17cm×33cm 规格菌袋 40d 左右菌丝长满袋。

**6. 开袋覆土**

菌龄成熟的菌袋去棉塞和套环，室内床栽可脱袋后直立于菌床上，统一覆土，也可以不脱袋，逐袋覆土；室外栽培经过整畦，同样可脱袋后直立于菌床上，统一覆土，也可以不脱袋，逐袋覆土。

**7. 出菇管理**

（1）水分管理。覆土后需要喷重水 2~3d，然后保持空气相对湿度 90%左右，同时适量通风，再覆盖塑料膜，促进菌料水分吸收，使菌被湿润。每天通风 2~3 次。

（2）温差管理。季节性栽培利用昼夜温差，室内栽培采用昼关门窗、夜开门窗的方法，室外栽培采用昼覆盖塑料膜、夜间掀开塑料膜的方法拉大温差，诱导原基产生。

通常覆土喷水 8~10d 即可产生原基，常温条件下，10~15d 即可采收。采收时连菌根一起拔起。停水 7~10d，重复喷重水和拉大温差的管理，约 15d 后可采收第二批菇。

**8. 采收加工**

（1）适时、及时采收。金福菇以鲜菇销售为主，采收前停止喷水 1d，还要根据市场对鲜品的品质要求，适时、及时采收，特别是夏季栽培鲜菇的采收，由于此时气温高，子实体生长迅速，采收更需适时。

（2）采收方法。通常采用人工整丛采下。采后切下菇蒂，不带培养基，保持菇体干净。

（3）采收流程。按时采收—检验入库—分级包装—装箱—冷藏（0~4℃）—检验—出仓外运的程序加工。

## 第五节　双孢蘑菇

双孢蘑菇因其担子上一般着生 2 个担孢子而得名。双孢蘑菇又名白蘑菇、洋蘑菇，简称蘑菇，是世界上栽培量最大的食用菌之一，也是我国食用菌栽培中栽培面积最大、出口创汇最多的拳头品种。双孢蘑菇色白质嫩，味道鲜美，营养十分丰富，是一种高蛋白、低脂肪、低热能的健康食品。双孢蘑菇的菌丝还可以作为制药的原料，具有降低胆固醇、降低血压、防治动脉硬化等作用。双孢蘑菇中所含多糖类物质具有抗癌作用；用双孢蘑菇罐藏加工预煮液制成的药物对医治迁延性肝炎、慢性肝炎、肝肿大、早期肝硬化均有显著疗效。

### 一、栽培季节

双孢蘑菇的最佳栽培期应根据子实体发生的适合温度与建堆的适合温度来决定。一般以当地平均气温能稳定在 20~24℃、35d 后下降到 15~20℃为依据。在自然条件下，通常安排在秋季和早春两季栽培，自北向南逐渐推迟。考虑到双孢蘑菇子实体发育周期较长，为了取得更好的经济效益，上海地区安排在秋季开始栽培。

## 二、栽培品种

目前栽培的双孢菇品种按菇体大小可分为大粒型、中粒型和小粒型；按子实体发生温度可分为高温型、中温型和低温型；按子实体色泽可分为白色、棕色和奶油色。双孢蘑菇主要栽培品种情况见表 5-1。

**表 5-1　双孢蘑菇主要栽培品种情况**

| 品种名称 | 品种特性 |
|---|---|
| As2796 | 出菇适温 10~25℃，菇体洁白圆正，抗杂力强，国内主要当家品种 |
| 蘑菇 176 | 适应温度范围广，菇形大，产量高，出菇整齐，适合鲜销 |
| 浙农 1 号 | 适应温度范围广，菇形大，产量高，出菇整齐，适合鲜销 |
| 新登 96 | 适宜出菇温度 10~25℃，抗高温，菇圆正，耐储运，夏季栽培 |
| F56、F60、F62 | 抗杂力强，转潮快，后劲足，菇体洁白圆正，质密，商品率高 |

其中，As2796 是典型的杂合菌株，由高产亲本和优质亲本杂交而来，As2796 菌株生长速度快，适合二次发酵栽培，鲜菇圆正，无鳞片，有半膜状菌环，菌盖厚，柄中粗、较直、短，组织结实，菌褶紧密，色淡，无脱柄现象。As2796 菌株具有菌肉厚、菇色白、菇体大、柄粗短、产量高等优点，深受鲜销市场欢迎，并且抗杂能力强，栽培容易获得成功。

## 三、培养料配方

在实际栽培中，因各地原料种类、来源不同，碳、氮含量不一，应根据主材料用量，通过添加辅助氮源量，试验出合理配方。各地还应根据原料质量适当修正。最终播种前培养料纯含氮量应保持在 1.5%~2.0%。

下面介绍两种常用配方。

配方一：栽培 100m² 需要备足干稻草 2 000kg，干牛粪 1 500kg，硫酸铜 29.4kg，饼肥 44.8kg，尿素 4.5kg，石膏 35 ~50kg。

配方二：以种植栽培 100m² 为例（具体栽培时根据面积按此配方比例计算），需要干牛粪 1 300kg、干稻草 2 000kg、尿素 20kg、石膏 50kg、玉米粉 20kg、复合肥 20kg、石灰粉 50kg、过磷酸钙 60kg。

## 四、栽培管理

### （一）准备工作

双孢蘑菇室内床架栽培的准备工作主要有菇房准备、床架准备、原料准备、菌种准备等几个方面。用牛粪、猪粪、羊粪、鸡鸭粪等，使用牛粪栽培双孢蘑菇，质量很好，产量也高，但必须晒干后捣碎使用。

简易房屋均可作为菇房，菇房必须做到防风、保温、遮光和通风，以坐北向南、地势干燥、排水方便、环境清洁、近水源的场地为佳。搭建的简易菇房宽度为 8.5m，长度视需要而定，但过大会造成中部通风不良、不易升温，过小则利用率不高。高度控制在 4.0m 左右为宜。门窗可根据天气开关调节。床与床之间和床与房壁之间要留 70~80cm 的过道，菇床架每排间隔 0.6~0.8m，一般每排设置 4~6 层，床架宽 1.4~1.5m，层距 0.6m，底层离地面 0.3~0.4m，顶层与房顶保持一定的距离（图 5-2）。

栽培前要对菇房进行消毒清理，可采用石灰浆、波尔多液、石硫合剂等进行涂和喷，有条件的菇房可通入蒸汽通过高温高湿来杀灭有害生物。

### （二）培养料发酵

栽培料主要由牲畜粪和秸秆组成，多采用二次发酵法。

#### 1. 前发酵

前发酵在室外进行，与传统的一次发酵法的前期基本相同，

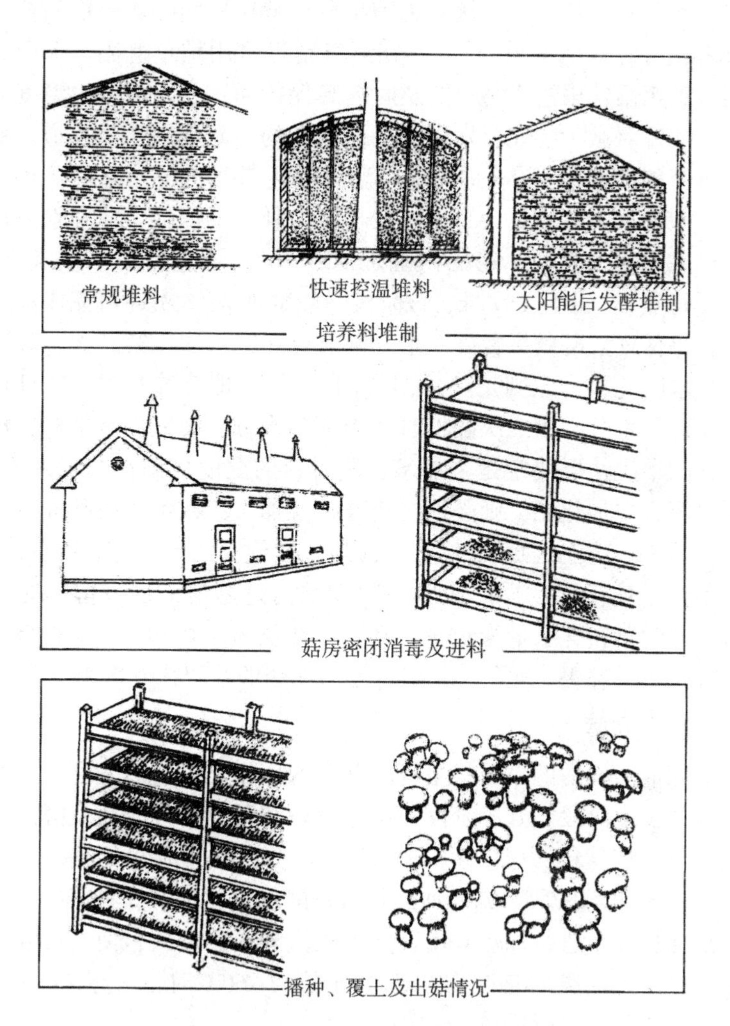


**图 5-2　室内层架式菇床栽培双孢蘑菇过程**

建堆时间一般在播种期前 30d 左右。将稻草用 0.5%石灰水浸 2d，将干牛粪充分预湿打碎。按栽培料配方比例加料，分层堆置。在地上铺一层预湿过的稻草，厚约 20cm，宽 1.6～2m，长 8～10m，然后在稻草上铺牛粪，接着再铺稻草，就这样间隔着一层稻草一层粪，堆叠直至1.8m左右。在天气晴好时用稻草遮阳，下雨天用薄膜遮雨，雨过天晴后要及时揭膜保持通透。为使堆中温度均匀，使好氧微生物充分发酵，最好在堆的中间埋一通气孔道。夏秋季节如此堆置4~5d后，堆内温度可达70℃左右，这时可进行第一次翻堆。翻堆是为了使整堆材料内外上下倒换，使其发酵均匀彻底，不含生料。第一次翻堆后5~6d，可进行第二次翻堆。以后每隔3~4d翻1次堆，该阶段一般翻堆4~5次即可完成前发酵，以保证发酵效果良好。水分调节要在第一次、第二次、第三次翻堆时完成，原则是“一湿二润三看”，即建堆和第一次翻堆时要加足水分，第二次翻堆时适当加些水分，第三次翻堆时，依据料的干湿情况决定是否加水，此时料的湿度控制在70%左右。如果配方中加化肥，则必须在建堆时就加入，在第二次翻堆时要加入石膏，第三次翻堆时加石灰调节pH值为7.5，以后的翻堆一般不再添加任何物质。最后一次翻堆与进菇房的后发酵同时进行，此时草料含水量为65%~70%，pH值为7.0~8.0。堆料呈现出咖啡色、扁平、柔软，同时挥发出淡淡的香甜味或氨味。

**2. 后发酵**

完成前发酵的培养料搬运到菇房的床架上进行后发酵。后发酵可分3个阶段：升温阶段、保温阶段和降温阶段。后发酵的目的是改变培养料的理化性质，增加其养分，彻底地杀虫灭菌。

（1）升温阶段。菇房加热是后发酵的主要环节，在菇房远处用油桶加满水进行加热并用管子把蒸汽导入菇房内，使菇房温度迅速升高。加温1~2d，使料温上升至57~60℃时，保持6~8h后停火，进入保温阶段。

（2）保温阶段。短时间开窗适当通风让菇房适时换气，料温下降至48~52℃时维持5~6d，控温结束。

（3）降温阶段。控温结束后停止加热，使房温和料温逐渐降低。降温后将培养料分床，床料的厚度一般为15cm，通过分床的抖动，把聚集在堆料中的有害气体排除。这时料呈棕褐色、松软，用手轻拉草秆即断，就可以分料到其他床上，准备播种。

### （三）播种

播种前，从菌袋或瓶内取出菌种，然后将其揉成粒状，均匀地播撒在发酵好的培养料上，播种时料温必须低于28℃。菌种撒播时要求：先将播种量的一半（750mL的标准菌种每瓶播0.3$m^2$）撒在料面上，翻入料内6~8cm深处，整平料面，再将剩余的一半菌种均匀地撒在料面上，并立即用已发酵完毕的培养料覆盖保湿。用木板轻压料面，使菌种和培养料紧密结合，以达到床面封面快，不易发生杂菌的效果。

### （四）发菌管理

发菌初期以保湿为主，微通风为辅，播种1~3d内，使料温保持在22~25℃，空气相对湿度85%~90%；中期菌丝已基本封盖料面，此时应逐渐加大通风量，以使料面湿度适当降低，防止杂菌滋生，促使菌丝向料内生长；发菌后期在料面上打孔到料底，孔间相距20cm，并加强通风。发菌中后期由于通风量大，如果料面太干，应增大空气湿度，经过约20d的管理，菌丝就基本“吃透”培养料。

### （五）覆土管理

双孢蘑菇在整个栽培过程中必须覆土，不覆土则不出菇或很少出菇。

覆土前应该采取一次全面的搔菌，即用手将料面轻轻骚动、拉平，再用木板将培养料轻轻拍平。这样料面的菌丝受到破坏，断裂成更多的菌丝段。覆土调水以后，断裂的菌丝段纷纷恢复生长，结果往料面和土层中生长的绒毛菌更多、更旺盛。另外，覆土前要对菌床进行彻底检查处理，挖除所有杂菌并用药物处理。

覆土的材料可就地取材，河泥、泥炭土、黏土、沙土等都可以。选择中性黏土并晒至半干，按直径1.5~2cm敲碎过筛。大约100$m^2$的菌床覆土量为4.5$m^3$。覆土刺激菌丝扭结，经过5~7d后就可见到子实体原基出现，进入出菇管理。水分管理上，覆土后只需要每天喷水，补充表面被蒸发的水分，维持床面湿润。

### （六）出菇管理

覆土后当菌丝爬到覆土层的2/3时，拨开细土观察，见菌丝出现米粒大小白点时适当加大出菇水喷水量，以促进出菇，喷出菇水后应加大通风，防止米粒菇因缺氧而窒息死亡。当菇床上出现子实体原基后，要减少通风量，同时停止喷水，菇房相对湿度保持在85%以上，温度在16℃以下。子实体原基经过4~6d的生长就可达到黄豆粒大小，这时要逐渐增加通风换气，但不能让空气直接吹到床面，同时随着菇的长大和数量的增加，逐渐增加喷水量，使覆土保持一定含水量。喷水时注意气温低时中午喷，气温高时早、晚喷，喷水要做到轻、勤、匀，水雾要细，以免死菇，阴雨天不喷或少喷，喷水后要及时通风换气0.5h，让落在菇盖上的水分蒸发，以免影响菇的商品外观或发生病害。双孢蘑菇属厌光性菌类，菌丝体和子实体能在完全黑暗的条件下生长很好。7d左右子实体逐渐进入采收阶段。

### （七）采收

采菇前不要喷水，以免手捏部分变色，必须依据市场的需求标准采收。采收时动作要轻，避免对其他小菇造成伤害，轻轻往下压并稍微转动采下。采收完1潮菇后，要清除料面上的死菇及残留物，并把采菇留下的孔洞用粗细土补平，喷1次重水，调整覆土的pH值。提高温度，喷施1%葡萄糖、0.5%尿素、1%过磷酸钙，促使菌丝恢复生长，按发菌期的管理方法管理，经过4~7d的间歇期后，就可以降低温度，喷出菇水增大湿度，诱导下潮菇产生。

双孢蘑菇配制1次培养料，一般可出6~8潮菇。采收期从11月至翌年4月中旬。双孢蘑菇适于鲜销、盐渍或加工成罐头等出售。

## 第六节　茶薪菇

茶薪菇，也称茶树菇、杨树菇、柱状田头菇、柳松茸、柳环菌等，隶属粪锈伞科、田头菇属，是近年来新开发的食用菌品种之一。子实体单生、双生或丛生，菌盖直径2~8cm，表面光滑、浅褐色，菌肉厚3~6mm，菌柄长3~8cm、粗3~12mm、中实、表面有条纹、浅褐色，菌环着生菌柄上部。茶薪菇子实体味美鲜香，质地脆嫩可口，含有丰富蛋白质，是欧洲和东南亚地区最受欢迎的食用菌之一。

### 一、工艺流程

备料—培养基配制—装袋（瓶）—灭菌—冷却—接种—培养—出菇管理—采收加工。

### 二、技术要点

#### 1. 原料选择与培养基配方

茶薪菇系木腐菌。以阔叶树木屑、棉籽壳或作物秸秆等为主原料，添加适量的麸皮、米糠、玉米粉、豆饼粉、油粕、混合饲料等，菌丝均能旺盛生长和形成正常子实体。

培养基配方有以下几种。

（1）阔叶树木屑40%，棉籽壳40%，麸皮或米糠14%，玉米粉或豆饼粉5%，石膏1%。

（2）棉籽壳80%，麸皮或米糠14%，玉米粉或豆饼粉5%，石膏1%。

（3）阔叶树木屑69%，麸皮30%，石膏1%。

（4）阔叶树木屑89%，混合饲料或油粕10%，石膏1%。

以上各培养基配方的含水量均为65%~75%，最适pH值为5~6。

**2. 培养基制作与培养**

培养基制作方法同其他袋栽（木腐型）食用菌。茶薪菇栽培多采用规格为 17cm×（33~38）cm 的聚丙烯塑料袋熟料栽培，也有采用 15cm×55cm 低压高密度聚乙烯菌筒栽培或瓶栽。短袋栽培时配有套环和棉塞，每袋装干料 0.2~0.3kg；长袋每筒装干料 0.7kg。按常规灭菌、接种与培养。培养温度控制在 25℃左右，待菌丝长满后即可转入出菇管理。

**3. 出菇管理**

出菇场所可选用室内菇房或室外荫棚。一般短袋栽培或瓶栽采用室内菇房，菌筒栽培采用室外棚栽。室内栽培可单层直立层架排放或墙式排放，待菌丝长满袋后，拔去棉塞，取下套环，将塑料袋口提拉直立，上盖报纸，每天喷水 1~2 次，保持报纸湿润，空气相对湿度 85%~95%，温度控制在 16~28℃，最佳温为 20~24℃，保持通风换气和一定的散射光。另一种出菇管理方法是待菌丝长满后，将袋口放松，以利形成菇蕾，现蕾后将菌袋移至菇房，随着菇蕾长大，将袋口塑料袋剪去，使菌袋上面料筒四周长出菇蕾，随着料筒四周菇蕾自上而下逐步出现而将菌袋向下移脱，直至全部脱掉。水分管理员采用喷雾法，不直接向子实体喷水。菌筒栽培时，待菌丝长满后，将接种穴面的薄膜割去一条，然后排在畦面上覆土，土厚 1cm 左右。排场前对场地和覆土进行杀虫、杀菌消毒，覆土 2d 后向土面喷水，保持土壤湿润。低温时，畦面覆盖薄膜保温保湿。开袋后 10d 左右子实体大量发生。采收后停水 5~10d 养菌，再进入第二潮菇管理。营养保存尚好的菌袋越冬后翌年春季能继续出菇。

茶薪菇栽培宜于 3 月接种，5 月出菇；或 7 月接种，9 月出菇。在高温季节容易诱发病虫害，特别要注意防治眼菌蚊和蛾。受眼菌蚊为害的栽培袋，培养料变深褐色，菇蕾无法形成，已形成的菇蕾也会萎缩腐烂。防治方法以控制好环境条件及切断侵染源为主。具体做法在栽培袋（瓶）搬入菇房前，对菇房进行彻底清洗消毒，门窗应装上 60 目纱网。

#### 4. 采收加工

子实体长至菌环即将破裂时及时采收。一旦菇盖下的菌环破裂，采下的菇就会失去商品价值。茶薪菇常以保鲜菇和干品上市销售。

## 第七节　黑木耳

黑木耳人工栽培始于我国，据记载已有上千年的历史。黑木耳是温带特有的食用菌，也是世界上分布较普遍的一种木腐菌。

### 一、塑料袋栽培黑木耳

#### （一）选择优良菌种

菌种的优劣是栽培黑木耳成败的关键。应选择适合锯木屑、玉米芯等原料栽培的高产、优质、抗杂性强、菌丝生长快、耳芽分化比较集中、子实体生长快、具有早熟特性的优良菌株。如沪耳1号、沪耳3号、沪耳4号菌株是上海市农业科学院食用菌研究所培育的较适合袋料栽培的品种。同样的栽培条件，用优良菌株产量一般可提高约30%。要选择菌丝洁白健壮、无杂菌的菌种栽培，菌龄以30~45d为宜。

#### （二）安排好栽培季节

黑木耳是一种中温型菌类，在高温、高湿的环境中袋栽黑木耳，容易滋生霉菌，侵染培养料，造成污染和流耳的发生。因此，袋栽黑木耳应错开伏天高温季节，减少霉菌侵染。

#### （三）培养料配制

#### 1. 培养料配方

各地可根据当地的主要原料，在下列配方中选择。

（1）阔叶树木屑78%，麦麸20%，石膏粉1%，糖1%。

（2）针叶树木屑76%，麦麸20%，石膏粉1.5%，糖1%，过磷酸钙1%，尿素0.5%。

(3) 阔叶树木屑89%，麦麸10%，石膏粉1%。

(4) 稻草70%，阔叶树木屑15%，麦麸13%，过磷酸钙1%，石膏粉1%。另加干料重1%的糖、0.4%的尿素和0.3%的硫酸镁。

(5) 稻草66%，麦麸32%，过磷酸钙1%，石膏粉1%。

(6) 玉米芯（粉碎）60%，阔叶树木屑29%，麦麸10%，石膏粉1%。

(7) 玉米芯（粉碎）49%，阔叶树木屑49%，石膏粉1%，糖1%。

(8) 玉米芯（粉碎）99%，石膏粉1%，维生素 $B_2$（核黄素）100片（每片含1mg）。

**2. 培养料准备**

培养料应选择新鲜、无霉变的原料。用针叶树木屑作为培养料，应先将其晒干，用1.5%石灰水浸泡12h，捞出后用清水冲洗，滤干备用。用玉米芯作为培养料，应先在日光下暴晒1~2d，然后用粉碎机将玉米芯粉碎成黄豆粒至玉米粒大小的颗粒，不要太细，否则将影响培养料的通气性，造成发菌不良。整玉米芯用清水泡透，捞出滤去多余的水分即可。用稻草作为培养料，可将稻草侧成约3cm长的小段。

**3. 培养料拌料**

按配方比例称取各种原料，将用量大的原料放在水泥地上混合均匀，然后将糖和化学物质溶于水中，再加入称好的主料中，一起翻拌均匀。培养料含水量以60%~65%为宜，培养料含水量太大时，菌种不易成活，而且子实体瘦小片薄，产量不高。

### (四) 装袋

塑料袋应选用耐高温的聚丙烯塑料袋，在高压灭菌时不易受损。如采用土蒸灶灭菌，可用聚乙烯袋。袋大小以17cm×35cm为宜。料袋过大时，料内的营养物质不能完全转化，会造成浪费。

拌好的培养料应及时装袋，当天装完，当天灭菌。装袋时先将塑料袋底的两角向内塞，这样使袋底平稳。装入的培养料为袋高的3/5，然后用手压实培养料，并使上下松紧一致，每袋可装干料约0.3kg。装料后，用锥尖木棒在料中从上往下扎一孔径为2cm左右的通气孔，袋口外面套上直径3.5cm、高3cm的硬质塑料环，并将袋口外翻，形成像瓶口一样的袋口，袋口内塞上棉塞，外面再包扎上牛皮纸。

### （五）灭菌

若用土蒸灶灭菌，温度达到100℃时，维持6~8h；用高压锅灭菌时，在150kPa的压力下保持1.5~2h，防止冲袋。

### （六）接种

将灭菌后的料袋转入接种室，并熏蒸消毒，待料袋冷却到30℃时，开始接种。每袋接入一匙栽培种，菌种要分散在培养料的表面，一般每瓶栽培种可接25袋左右，然后按原棉塞和牛皮纸封好袋口。接种时，动作越快越好，以防杂菌污染。

### （七）发菌管理

#### 1. 温度管理

接种后的料袋一般放在培养室内发菌。应将料袋放在培养架上或在地上码成3~4层。根据木耳菌丝生长对温度的要求，应分别在三个不同温度阶段培养菌丝体，前期保持在20~22℃，使刚刚接种的菌丝慢慢恢复生长，这样菌丝粗壮，抗杂性强。中期，即接种15d后，木耳菌丝生长已占优势，这时可将温度升高到25℃左右，加快发菌的速度。后期，即菌丝“吃料”快到袋底部时，把温度降到18~22℃，使菌丝在较低的温度下茁壮生长，使营养分解充分。经过三个不同阶段的培养，菌袋出耳早，抗杂性强，产量高。

在发菌过程中，菌丝不断释放热量，这些热量贮存在袋内，会使袋内温度逐渐增高，一般袋内培养料的温度高于室温2~3℃，所以培养室的温度不应超过25℃。当堆内温度偏高时，可通过翻堆、降低层数、拉开袋与袋之间的距离等方法，使热量散出，将温度控制在20~25℃；若温度偏低，则应加高层数，并添加覆盖物，促使温度上升。

**2. 空气湿度管理**

培养室的空气相对湿度保持在60%左右为宜。遇干旱少雨时，空气湿度太低，培养料水分损失多，培养料易干燥，对菌丝生长不利，应向地面、空间喷水，喷水时不要将水喷到料袋上，以防引起杂菌污染。如遇雨天湿度过大时，可在培养室的地面撒石灰粉，以降低空气相对湿度。

**3. 光照管理**

在菌丝培养阶段，要保持培养室黑暗或弱光，这样有利于菌丝生长，防止出现菌丝体还未“吃透”培养料就出耳的现象。

**4. 污染处理**

在发菌过程中，要及时检查和处理污染料袋。料袋在接种后20d内，每天要检查1次。发现有轻度污染时，可挑出来另放，并在污染处用注射器注入0.2%多菌灵溶液，浸透污染斑，然后封贴胶布，控制杂菌的蔓延。污染严重的应及时将整袋拿出培养室，深埋或烧毁。在菌丝培养20d以后，发现有轻度的杂菌污染，这时袋内也已经有许多黑木耳菌丝体时，可将其拿出培养室，单独培养，单独出耳，也会有一定的产量。检查料袋时要轻拿轻放，尽量减少搬动次数，否则会增加污染率。

**（八）出耳管理**

接种后大约经40d的培养，菌丝即可“吃透”培养料，这时可将菌袋搬入栽培室或在室外的荫棚、林下进行出耳管理。

**1. 室内出耳管理**

可采用架式和挂式两种出耳栽培形式。首先要进行栽培室内消毒，然后及时将长满菌丝的菌袋转入栽培室。架式栽培时，床架以单架为好，四周不靠墙，便于管理，床架宽约50cm，每层间距45cm，一般为4~6层，两架之间留一走道。先将菌袋用0.1%高锰酸钾溶液清洗消毒，去掉封纸、棉塞以及颈圈，立放在床架上。或用绳子扎住袋口，用经消毒的刀片在菌袋四周均匀地割6个条形孔，以满足黑木耳对氧气、水分的要求，促进耳芽形成。条形孔宽0.2cm，长5cm。开条形孔可使耳芽有规律地分布，出耳密度适宜，耳片分化快，喷水时袋内不会积水，可防止出耳期间的污染和流耳发生，还可增加出耳潮次，提高产量和质量。开孔后，将预先准备好的“S”形铁丝钩在扎袋口的绳子上，挂在架上，袋与袋相互错开，间距10~15cm为宜，使每个菌袋都能得到充足的光照、水分和空气，又能充分利用空间，便于管理。

**2. 室外出耳管理**

室外可进行环割和挂袋两种出耳栽培形式。出耳场地应选择遮阳较好的林间或简易荫棚。简易荫棚出耳的也应搭多层床架悬挂或立放。在林间栽培时，便于挂袋管理，注意保持空气相对湿度在90%左右，如果白天温度达到25℃左右，约经15d就可以采到质好、色深的黑木耳。采收1次后，要停水6~7d，让菌丝恢复生长，然后再喷水管理。一般可采收3~4次。室外栽培的黑木耳比室内的色深、耳大、肉厚、品质好、产量高。

## 二、采收

**1. 采收时期**

当耳片充分展开、边缘内卷、颜色由黑变褐、耳根收缩、耳片肥厚并富有弹性、子实体腹面开始出现白色孢子粉时，应及时采收，采耳最好选在晴天的早晨，若遇上连阴天，可以全天采，遇到下雨天，要趁雨停时采收。阴雨天采耳要尽量避免流耳的发生。

**2. 采收方法**

采收前一天停止喷水，采收时，菌袋或耳木上的耳片多数已成熟，可一次性采完，如果耳片生长不齐、幼耳较多时，应采大留小，用小刀沿子实体边缘插入耳根切下。耳根要与耳片一起摘下。如果不摘尽，容易发生烂根流耳，使杂菌滋生，要勤摘、细捡，保持木耳完整无损。

### 三、分级

干黑木耳一般划分为三级，见表5-2。

表5-2　黑木耳的分级

| 分级项目 | 一级 | 二级 | 三级 |
| --- | --- | --- | --- |
| 耳片色泽 | 耳面黑褐色，有光亮感，背面暗黑色 | 耳面黑褐色，背面暗灰色 | 多为黑褐色至浅棕色 |
| 耳片大小 | 耳片完整，不能通过2cm的筛眼 | 耳片基本完整，不能通过2cm的筛眼 | 耳片小或成碎片，不能通过0.4cm的筛眼 |
| 耳片厚度 | 1mm以上 | 0.7mm以上 | |
| 杂质 | 不超过0.3% | 不超过0.5% | 不超过1% |
| 拳耳 | 不允许 | 不允许 | 不超过1% |
| 流耳 | 不允许 | 不允许 | 不超过0.5% |

除以上主要指标外，各等级均不允许有虫蛀耳和霉烂耳，而且含水量不得超过14%，化学指标为粗蛋白质不低于7%、总糖不低于22%、纤维素3%～6%、灰分3%～6%、脂肪不低于0.4%。

## 第八节　蜜环菌

蜜环菌属白蘑科、蜜环菌属，是著名的食用和药用真菌，也是木材根腐病的病原菌和天麻人工栽培的伴生菌。蜜环菌发酵菌丝体和固体培养菌丝体均可入药。蜜环菌菌丝发酵和固体培养已有成熟生产工艺，发酵或固体培养生产真菌药剂是当前我国主要生产方式。

## 一、工艺流程

### （一）菌丝发酵深层培养工艺流程

安全备料与培养基制作—试管种培养—500mL 摇瓶种子培养（发酵一级种）— 5 000mL 摇瓶种子培养（发酵二级种）—0.5t 种子罐培养（发酵三级种）—发酵罐培养—过滤与压榨—检验—菌丝体烘烤压片—液体浓缩成糖浆—检验出厂。

### （二）固体培养生产工艺

安全备料与培养基制作—试管菌种培养——级种—二级种—固体培养基制作—接种—培养—培养物掏出—烘干磨粉—过筛—压片—检验出厂。

## 二、技术要点

### （一）菌丝深层发酵

#### 1. 菌种

采用经分离筛选，并经菌丝生长速度测试和发酵培养检验的菌株。

#### 2. 培养基

（1）出发菌株培养基。PDA（马铃薯、琼脂、葡萄糖）培养基。

（2）一、二级种摇瓶液体培养基。200g 去皮马铃薯切片、煮熟、过滤，加葡萄糖 20g、磷酸二氢钾 1.5g、硫酸镁 0.75g、蚕蛹粉 5g、维生素片 10mg，补水至 1 000mL，pH 值不需调节。

（3）发酵罐培养基。蔗糖 2%、葡萄糖 1%、豆饼粉 1%、蚕蛹粉 1%、硫酸镁 0.075%、磷酸二氢钾 0.15%，pH 值不需调节，加水至所需用量。

#### 3. 接种及接种量

一支试管接种一瓶摇床种子瓶，一级种按二级种培养基的

10%接种量接入，二级种按发酵罐所需培养液总量的5%～10%接入。

**4. 振荡培养和发酵条件控制**

出发菌株采用试管PDA斜面培养基接种，在24℃条件培养；一级种采用三角瓶在旋转式摇床上震荡培养120～148h，室温24～26℃，偏心距4～6cm，转速240r/min；二级种在往返式摇床上培养72～96h，室温26～28℃，往返冲程7cm，转速90次/min。种子罐培养40L罐，注入20L培养液，接种后26～28℃培养96～120h，搅拌速度200r/min，通气量1：（0.3～0.5）。200L以上的发酵罐，投料达到容积的60%～70%，接种后培养168～172h，搅拌速度190r/min。

**5. 发酵物的处理**

培养结束后，121℃灭菌30min，放出培养液过滤，过滤液制糖浆，滤渣烘干制片剂。

## （二）固体培养

**1. 菌种**

采用经分离筛选，并经菌丝生长速度测试和专用菇体培养检验的菌株。

**2. 培养基**

（1）斜面培养基。麸皮50g，加水1 000mL煮沸20min，过滤，滤液调至1 000mL，加入20g葡萄糖、20g琼脂，煮溶琼脂，分装试管，灭菌制成斜面备用。

（2）种子培养基。麸皮50g，加水1 000mL煮沸20min，过滤，滤液调至1 000mL，加入20g葡萄糖、20g琼脂、磷酸二氢钾1.5g、硫酸镁0.75g，分装于500mL三角瓶中，每瓶100mL，然后每个三角瓶加入0.5g蚕蛹粉，灭菌备用。

（3）固体培养基。每750mL菌种瓶加入20g玉米粉、10g麸皮，注入水80mL，摇匀，高压灭菌备用。

**3. 培养条件控制**

斜面试管接种后，置于25~26℃条件下培养15~20d，菌种可置4℃冰箱保存。接种后的一级种子瓶置于25~26℃条件下培养5~6d；二级种子瓶按10%接种量接种后，培养条件同一级种。栽培瓶每瓶接种10~20mL菌种量，培养8~10d，菌丝布满菌瓶表面；15~20d菌丝长满培养基，菌丝出现发光现象；25~30d，菌丝老熟，进入加工。

**4. 培养物的处理**

取出菌瓶内培养物，70~80℃条件下烘干，研磨成粉，20目过筛，制片剂。

## 第九节 草 菇

草菇的鲜菇味美细嫩、营养丰富，炒菜煲汤均宜，干片味香宜人。营养价值方面，虽然黄豆的蛋白质含量高达39.1%，但其蛋白质利用率却只有43%，而草菇的蛋白质利用率高达75%，这主要是因为黄豆中的必需氨基酸含量只有0.46%。

### 一、栽培季节

草菇出菇温度范围在28~30℃时最适宜，23℃以下不能形成子实体。据此，长江中下游地区在5月下旬至9月均可栽培。

自然条件下栽培草菇，季节性很强。在热带地区除了酷暑天外周年都可栽培，而在亚热带和温带地区，只有夏、秋季适宜栽培。

### 二、栽培品种

生产上使用的草菇品种很多。依个体大小，可分为大型种、中型种和小型种；按其菇体颜色可分为黑色草菇和白色草菇两大类。黑色草菇的主要特征是未开伞的子实体包被为鼠灰色或深灰色，呈卵圆形，出菇较慢，产量较低；白色草菇的主要特征是未开伞的子实体包被为浅灰色或偏白色，呈椭圆形，出菇快。

草菇优良菌种应具备产量高、品质好（包被厚、韧，不易开伞，圆菇率高，味道好）、生命力强（对不良环境抵抗力强）等特性。在我国生产中较为广泛使用的草菇菌株有V23（鼠灰色，大型种；高温型品种）、V34（灰白色，中型偏大；高温型品种）、V844（菇型圆整、均匀，白色、中型品种；中温型）、GV34（灰黑色，中型品种；低温型）、屏优1号等。

## 三、培养料配方

草菇的培养料种类很多，主料使用废棉、棉籽壳、稻草、麦秸栽培的产量最高，甘蔗渣次之。此外还有高粱秆、玉米秆、花生茎、麻渣等，都可以栽培草菇，但产量较低，质量也不好，因此不宜单独使用，必要时可以与稻草搭配使用。栽培时，要选用新鲜、无霉变、未雨淋、并经晒干的原料。如选择稻草时，要选择金黄色、无霉变的干稻草；选择棉籽壳时，要选晒干的、未受雨淋、未发霉、新鲜的棉籽壳。

栽培草菇除了棉籽壳、废棉、稻草、麦秸等主料外，还需要一定量的辅料，如牛粪、马粪、鸡粪、米糠或麸皮、火烧土，以及过磷酸钙、磷酸二氢钾、磷酸氢二钾、石灰等，以增加培养料的养分。

常用的培养料配方有以下几种。

（1）棉籽壳培养料。棉籽壳97%，生石灰3%。

（2）废棉培养料。棉纺厂废棉90%，生石灰3%，过磷酸钙2%，麸皮5%。

（3）稻草培养料。干稻草82%，干牛粪粉15%，生石灰3%。

（4）麦秆培养料。干麦秆82%，干牛粪粉15%，生石灰3%。

（5）稻草和棉籽壳混合培养料。稻草（铡成7cm长）49%，棉籽壳49%，生石灰2%。

（6）稻草和麦秆混合培养料。稻草30%，麦秆62%，麸皮5%，生石灰3%。

（7）玉米秆培养料。玉米秆（切成3~4cm长）97%，生石灰3%。

## 四、栽培管理

草菇的室内栽培有床式栽培和砖块式栽培两类，以棉籽壳或稻草为原料，用砖块式栽培草菇比床式栽培的产量要高，可能是因为砖块式栽培改善了栽培原料的通气状况，并增加了出菇面积。

### （一）床式栽培

#### 1. 铺床

经发酵的培养料温度降至38℃以下时，将培养料抖松、拌匀，没有氨味时进行铺床。使菌床料面上形成中心高、周边低的龟背形，中心料厚20cm，周边料厚15cm，料面撒上预先用浓度2%的石灰水浸泡过麸皮和石灰粉并喷足水，使含水量达到75%左右，pH值为9.0~10.0。

#### 2. 播种及播种后管理

每平方米用菌种500g，采用穴播法播入菌种的50%，剩下的菌种撒播到菌床培养料的表面，并用木板压实，使菌种与培养料紧贴。播种后盖上塑料薄膜，以利菌丝健壮生长，每天揭膜通风1~2次，以控制料内温度。当菌丝长满培养料时，掀掉料面覆盖的塑料薄膜。

### （二）砖块式栽培

#### 1. 播种

自制数个长和宽各为40cm、高15cm的正方形木框。将木框置于平地上，在木框上放一张长和宽各约1.5m的薄膜，中间每隔15cm打一个1cm直径的洞，以利于通水透气。向框内装入发酵好的培养料。从菌种瓶挖出菌种，把菌种放在清洁的盆子里，将菌种块轻轻弄碎。采用层播办法播种，即铺1层料、播1层种，共3层料2层菌种，上面的一层菌种稍多些，剩余约1/5菌种撒在料的表面上，用木板轻轻拍平、压实，使菌种与培养料紧贴，面上盖好薄膜，提起木框，即成“菌砖”。

**2. 播种后管理**

播种后料内温度逐渐上升，一般3~4d可以达到最高温度，通过淋水降温、揭膜、通风降温、料层打洞降温等措施，控制料内最高温度在42℃以下。当菌丝布满菌砖，即拿掉料面覆盖的塑料薄膜。

**（三）出菇期管理**

播种后9d左右，菌丝开始扭结形成白色小菇蕾。草菇菌丝开始扭结时，要及时增加料面湿度，喷好“出菇水”，喷水时尽量不要直接喷到菇体上；同时增加光照，促使草菇子实体的形成；保持栽培场所温度28~32℃，并不断喷雾，保持室内空气湿度在85%~90%。当大量小白点菌蕾形成后，暂停喷水，以保湿为主，空气相对湿度维持在90%以上；当子实体有纽扣大小时，逐渐增加喷水量。中午气温较高时通风换气，每天通风时间控制在10~15min，防止风直接吹入床面。

**（四）采收**

播种10d后开始有少量菇采收，采收要及时，以提高合格菇的比率。菇形呈荔枝形或蛋形时最适合采摘。采摘时用手按住草料，以免损伤其他小菇或拉断菌丝，采收后及时清理床面或死菇，保持菇棚内温度30~32℃，湿度85%~90%。第一潮菇采收后停止喷水3d，第四天喷1次重水，为第二潮菇提供充足的水分。

## 第十节　竹　荪

竹荪属鬼笔菌目、鬼笔菌科、竹荪属，又称竹参、竹鸡蛋、面纱菌等。其色彩绚丽、体态优雅，钟形菌盖之下生有轻巧细致的菌幕，飘垂如裙，故有“真菌之花”“菌中皇后”之美誉。竹荪酥脆适口，香味浓郁，别具风味。

## 一、工艺流程

纯种分离—菌种制作<br>备料—装箱或作畦 ⎫⎭—接种—发菌管理—出荪与采收。

## 二、技术要点

### （一）纯种分离

取卵形竹荪菌蕾一只，经表面消毒后切取中部菌肉一小块，移植到PDA培养基或添加蛋白胨的加富PDA培养基（马铃薯200g、葡萄糖10g、蛋白胨10g、琼脂20g、水1 000mL）上。红托竹荪置15℃条件下培养25~30d；长裙（棘托）竹荪置22~25℃条件下培养10~15d，白色菌丝即可长满斜面。

### （二）菌种制作与质量鉴别

#### 1. 母种及栽培种的制作

（1）碎竹菌种。将边长2cm的方形竹块用2%的糖水浸泡24h后装瓶，并加入2%的糖水至瓶高的1/5处，塞棉塞，灭菌冷却后接种培养。

（2）碎竹、枯枝、腐殖土菌种。按碎竹60%、枯枝20%、腐殖土20%的比例称量混匀，加水调至含水量60%，然后装瓶、灭菌，冷却后接种，培养。

（3）碎竹、木屑、米糠菌种。将3种原料等量混合拌匀，加清水调至含水量60%。然后装瓶、灭菌，冷却后接种，保温15~22℃培养。

（4）木屑70%，竹叶5%，松针5%，麸皮18%，糖1%，石膏粉1%，调水拌匀，含水量60%，然后装瓶（袋）灭菌，冷却后接种培养。

#### 2. 菌种质量鉴别

竹荪菌丝体初期呈白色，成熟的菌种都有一定的色素，长裙竹荪菌丝体多为粉红色，间有紫色；短裙竹荪的菌丝体为紫色。

红托竹荪菌种表面带紫红色，其他部位菌丝白色。生长良好的竹荪菌丝粗壮，呈束状，气生菌丝浓密，呈浅褐色。老化的菌种气生菌丝消失，自溶后产生黄水。竹荪菌种培养时间因品种而异，棘托竹荪于 22～25℃ 培养 1 个月左右满瓶（袋）；红托竹荪于 15～25℃培养 60～80d 满瓶（袋）。

### （三）栽培技术要点

#### 1. 棘托竹荪的室外畦栽

（1）栽培季节。一年四季均可栽培，以春季最佳，一般 2—4 月播种，5 月开始出菇，当年栽培当年收获；夏季栽培增设荫棚收效较快，从播种到收获 65～70d；早秋栽培当年可收 1 潮菇，经越冬管理后次年产量较高；冬季地表温度在 5℃以上仍可栽培，辅以防冻、保温措施，翌年可收 3～4 潮菇。

（2）培养料选择及处理。培养料常用各种竹类的根、枝、叶和竹器厂、木器厂的下脚料、芦苇、农副产品的下脚料，任选一种或几种混合使用均可。其他食用菌如香菇、平菇、木耳、金针菇等袋栽的污染料和收成后的废菌料也可作为补充材料进行栽培。

选用竹类、竹木屑为培养料，经建堆发酵后栽培效果好。简易发酵将新鲜竹类、木类下脚料粉碎成屑，加适量的水堆积压紧发酵 1 个月左右，其中 10d 左右翻堆 1 次。

（3）选场整畦。选择排水良好、近水源、无白蚁、富含腐殖质的疏松土壤、荫蔽度在 80%以上的林地为场。非林地或荫蔽度不足的场所需构筑荫棚。可在畦床上直接搭盖 30～40cm 高的荫棚或畦床四周套种大豆、玉米遮阳。

播种前松土，整成宽 1.2～1.4m、深 15cm，长度不限的畦床。畦间和四周撒石灰或用灭蚁灵消毒。

（4）铺料播种。选用玉米秆、棉秆、蔗渣、谷壳等农作物秸秆作为培养料时，需要先经暴晒、碌碾压碎，浸水吸透，捞起沥干即可用。用 3%～5%的茶籽饼粉或其煮出液拌料有防治虫害效果。

铺料总厚度25~30cm，原则是粗硬料在下，增加透气、透水性，细料在上，共可铺二层，一层料一层困种。最上层撒2cm厚细料，稍压实，然后覆土3~5cm，土层上再盖5~6cm稻草、芒箕等。每平方米用料量20~25kg，用种量3~4瓶。立春前播种的需要薄膜保温保湿，气温回升后揭膜。以大豆株遮阳的畦床宽50~70cm，按株距10~15cm在畦旁穴播大豆。

（5）发菌管理。播种做好保温保湿，旱时适喷，雨时排水，保持土壤湿润。以覆盖物的增减和薄膜的揭盖调控畦床温度在20~30℃、相对空气湿度65%~75%。在菌蛋形成前，做好除杂草和防治蚁螨工作。

（6）出菇管理。播种后作物秸秆类经30d、竹木类经2~3个月养菌即可菌索破土而出形成菌蕾。此时，去掉床面覆膜和草被，改直接覆膜为拱形，调控气温20~24℃，可以畦沟储水和畦面喷水提高菌床空气湿度至85%。经20~25d，子实体破蕾而出，此阶段提高空气相对湿度至95%。从菌蕾破裂至菌裙完全展开4~6h，当菌裙达到最大张开度时及时采收。

出菇后若发现虫害、白蚁可用1份灭蚁灵加15~20份蔗渣混匀为毒饵，用纸包成小包埋入5~10cm畦中诱杀；蛞蝓于清晨或夜间人工捕捉。

（7）采收。用利刀从菌托部位切断菌索，剥离菌盖和菌托，置于涂有食用油的网筛上烘晒，干后按柄粗细、长短分级包装。注意保持菌柄色泽洁白和菌裙完整。

**2. 红托竹荪栽培**

（1）室外畦栽。方法与棘托竹荪基本相同。值得注意：一是红托竹荪好气、喜肥、喜阴、怕强光，因此栽培场所应选择略有坡度的土质疏松和日照短、湿度较大的地方；二是菌丝生长缓慢，栽培周期较长，要求培养料为半腐性，每公顷用料 37 500kg，菌种小块点播，初秋播种，翌年2—3月开始出菇。

（2）室内箱栽。先在箱底铺5cm厚的微酸性肥土，再将竹丝、竹鞭、竹根等平铺于肥土上，然后摆放一层菌种。用种量为

1瓶/m²，上盖5cm厚的微酸性肥土，浇透水，置20~25℃下培养，保持覆土湿润，经4~5个月菌丝成熟，随后出现菌蕾（竹荪球）。此时应将室内空气相对湿度调至85%以上。菌蕾出土30d左右，当空气相对湿度达95%左右时，菌裙充分张开，此时即应采收。

（3）室外熟料袋栽。该方法产量高，效益好，是目前红托竹荪较为成功的栽培方法。每袋0.5kg干料，可产干品6g以上，按现行市价，投入产出比为1：(8~10)，是生料畦栽的4~6倍。生料畦栽由于菌丝生长缓慢，导致生产周期长，可达3年之久，因而杂菌多，花工多，原料浪费较严重。熟料栽培成本低，成功率高，培养条件易控制，受季节影响小，生产周期可缩短为9个月，且产量较稳定。①菌袋制作与培养。选用15cm×33cm塑料袋，制作菌袋培养，方法同栽培种。培养50~70d菌丝可长满袋。②进棚脱袋排畦。菌丝满袋后搬入棚内，脱去塑料袋，将柱状菌丝筒排放畦面，间隔5cm，间隙和筒面覆土，每平方米排放20~30袋，覆土后盖塑料膜，膜四周用泥土压紧，1周后即有菌丝爬上土面，此时掀膜通气，改直接覆盖为拱形覆盖。菌丝遇到空气很快转色形成菌索，紧接在适宜温、湿度下形成菌蕾出菇。也可以在脱袋时，把菌丝筒纵切为两半，畦底铺些生料，将切面朝下贴料，边脱袋边切开边下种，周边撒些细料，随即覆土。其他管理和采收方法同畦栽。

## 第十一节　杏鲍菇

杏鲍菇又称为刺芹侧耳、杏仁鲍鱼菇。现在人工栽培分布较广。杏鲍菇菌肉肥厚，质地脆嫩，特别是菌柄组织致密、结实、乳白，可全部食用，且菌柄比菌盖更脆滑、爽口，被称为“平菇王”“干贝菇”，具有愉快的杏仁香味和如鲍鱼的口感，适合保鲜、加工。

## 一、栽培季节

杏鲍菇菌丝生长温度以25℃左右为宜，出菇的温度为10~18℃，子实体生长适宜温度为15~20℃。因此要因地制宜确定栽培时间，山区可在7—8月制袋，9—10月出菇；平原地区9月以后制袋，11月以后出菇。根据杏鲍菇的适宜生长温度在北方地区以秋末初冬，春末夏初栽培较为适宜；南方地区一般安排在10月下旬进行栽培更为适宜。

## 二、培养料配方

杏鲍菇栽培培养料以棉籽壳、蔗渣、木屑、黄豆秆、麦秆、玉米秆等为主要原料。栽培辅料有细米糠、麸皮、棉籽粉、黄豆粉、玉米粉、石膏、碳酸钙、糖。生产上常用培养料配方有以下几种。

（1）木屑73%，麸皮25%，糖1%，碳酸钙1%。

（2）玉米芯60%，麸皮18%，木屑20%，石膏2%，石灰适量。

（3）木屑60%，麸皮18%，玉米芯20%，石膏2%，石灰适量。

## 三、栽培袋制作

制作栽培袋过程与金针菇等相同。注意原料必须过筛，以免把塑料袋扎破，影响制种成功率，一般选用17cm×33cm、厚0.03mm的高密度低压聚乙烯塑料袋折角袋，每袋湿料质量为1kg左右，料高20cm，塑料袋内装料松紧要适中。常压蒸汽100℃灭菌维持16h。料温下降到60℃出锅冷却，30℃以下接种。

## 四、杏鲍菇的栽培方式

有袋栽和瓶栽，生产上主要采用塑料袋栽。

### （一）发菌管理

将接好种的菌袋整齐地摆放在提前打扫洁净的培养室里，温度调到25℃左右培养。有条件的还可在培养室里安装负离子发生器，对空气消毒，并结合洒水给发菌室增氧。一般情况下接种5d以后菌种开始萌发“吃料”，需要进行翻袋检查。通过检查调换袋子位置有利于菌丝均衡生长，对未萌发袋和长有杂菌的菌袋小心搬出处理。

### （二）出菇管理

菌丝长满袋即可置于栽培室取掉盖体和套环，把塑料袋翻转，在培养料表面喷水保湿，以开口出菇；也可待菌丝培养至40~50d后见到菇蕾时开袋出菇，催蕾时要特别注意保持湿度。

#### 1. 温度的调控

杏鲍菇原基分化和子实体生育的温度略有差别，原基分化的温度应低于子实体生育的温度，温度应控制在12~20℃。高湿条件下温度控制在18℃以下，当温度超过25℃，要采取降温措施，如通风、喷水、散堆等。

#### 2. 湿度的调控

湿度要先高后低地调节。前期催蕾时相对湿度保持在90%左右；在子实体发育期间和接近采收时，湿度可控制在85%左右，有利于栽培成功和延长子实体的货架寿命。同时采用向空中喷雾及浇湿地面的方法，严禁把水喷到菇体上，避免引起子实体发黄，发生腐烂。

#### 3. 光线与空气调节

子实体发生和发育阶段均需要散射光，以500~1 000lx为宜，不要让光线直接照射。子实体发育阶段还需加大通风量，雨天时，空气相对湿度大，房间需要注意通风。当气温上升到18℃以上时，在降低温度的同时，必须增加通风，避免高温高湿而引起子实体变质。

**4. 病虫害防治**

低温时，病虫害不易发生，气温升高时，子实体容易发生细菌、木霉及菇蝇等虫害，加强通风和进行湿度调控可预防病害的发生。

**（三）采收**

当菌盖平展，孢子尚未弹射时为采收适期，采收第一批菇后，相隔 15d 左右，还可采收第二批菇，但产量主要集中在第一批菇。采收时，一手按住子实体基部培养料，一手握子实体下部左右旋转轻轻摘下或使用小刀于子实体基部料面处切下，不能拉动其他幼菇和培养料。采收后及时分级包装、上市鲜销。

# 第十二节　猴头菌

猴头菌是一种兼有食用和药用价值的名贵食用菌。其味道鲜美，清香可口，素有“山珍猴头、海味燕窝”之称。猴头菌人工栽培主要以代料袋栽或瓶栽形式进行。子实体常用作罐头加工和药物加工原料。

## 一、工艺流程

**（一）袋（瓶）栽工艺流程**

备料—培养基配制—装袋（瓶）—灭菌—冷却接种—培养—出蕈管理—采收

**（二）发酵生产工艺流程**

试管培养 — 一级种子瓶 — $\left(\frac{\text{装料 100mL}}{\text{500mL 三角瓶}}\right)$摇瓶培养

$\frac{\text{24~26℃，4~5d，接种量 10\%}}{\text{往复式 90r/min，旋转式 300r/min}}$二级种子瓶（装料 1 000mL/5 000mL 瓶）培养—三级种子罐$\frac{\text{投料 25L/50L 罐}}{\text{通气量 1：（0.3~0.5），2~3d}}$培

养—发酵罐培养$\xrightarrow[\text{pH 值降至 4.5，残糖 0.2\%}]{\text{投料 100L/200L 罐}}$过滤—

$\left(\begin{array}{l}\text{菌丝体—烘干粉碎}\\ \text{滤液—浓缩}\end{array}\right)$—猴头菌版、猴头浸膏。

## 二、子实体栽培技术要点

### (一) 培养基配方

(1) 甘蔗渣 78%，麸皮 20%，糖 1%，石膏 1%。

(2) 杂木屑 78%，麸皮或米糠 20%，糖 1%，石膏 1%。

(3) 棉籽壳 90%，麸皮 8%，糖 2%。

栽培猴头菌的原料除上述甘蔗渣、杂木屑和棉籽壳外，还有稻草、麦秸、玉米芯、废纸等均可栽培。

### (二) 培养基制作与培养

猴头培养基制作方法，同其他食用菌培养基制作方法相似。先将各种原料混合均匀，然后装瓶（袋）。特别注意培养基一定是偏酸性，因为 pH 值达 7.5 时猴头菌不能生长。装瓶时可装到瓶肩，以便子实体顺利长出。菌袋可大可小，大袋多开穴，小袋少开穴。进行灭菌时注意不让棉塞受潮。冷却 30℃以下接种，接种时同香菇代料栽培一样注意防污染。培养室温度控制在 22℃左右，湿度 70%~75%，培养 30d 左右即可转入出菇管理。

### (三) 出菇管理

当菌丝长满菌袋（瓶）后，拔去菌瓶棉塞；菌袋依袋子大小确定开口数量，直径 17cm 开口 3~4 个，口径 1cm；直径 12cm 开口 2~3 个，口径 1cm。小口径菌袋亦可平放堆叠成行，让子实体由两端长出。菌瓶可以卧放堆叠 1m 高左右，由侧向长出子实体。这样可提高菇房利用率。当菌袋（瓶）内出现芽状原基时，增大通气量，降低温度（18~20℃），提高栽培房湿度（85%~90%），直到采收。

### (四) 采收加工

当子实体已长成刺状，并有少量白色粉状孢子产生时（通常是原基形成后 10~15d），即可采收。采收时用小刀从子实体基部切下，不黏附培养基。太迟采收子实体纤维感增强，苦味更浓，这是孢子和老化菌丝的味道。采收后的培养基表面稍加搔菌，但不宜破坏培养基深处的菌丝体，否则第二批子实体较难长出。采收的子实体，根据不同用途进行加工，或送往制罐加工厂进行加工，或切片干制，或整个烘干，烘干温度掌握在 35~60℃。

## 三、液体发酵的技术要点

液体发酵，是以获得制药物猴头菌丝体为目的所采取的生产方式，全过程应严格遵守无菌操作。

### 1. 培养基配方

（1）斜面试管培养基。麸皮 100g，葡萄糖 20g，煮沸 30min，去渣后，加蛋白胨 4g、$KH_2PO_4$ 2g、$MgSO_4 \cdot 7H_2O$ 1.5g、维生素 $B_1$ 10mg、琼脂 20g、水 1 000mL。

（2）种子瓶培养基。基本同上，只是不加琼脂。

（3）种子罐培养基。葡萄糖 20g，豆饼粉或玉米粉 100g，蛋白胨或酵母浸膏 10g，$KH_2PO_4$ 15g，$MgSO_4 \cdot 7H_2O$ 75g，水 10L。

（4）发酵罐培养基。将种子罐培养基中的葡萄糖换为 2%的蔗糖即可，其他不变。

### 2. 发酵条件

按照猴头菌丝最适生长温度（24℃左右）控制培养条件。种子瓶培养 4~5d，种子罐培养 3d，各级菌种接种量均按 10%（V/V）左右逐级扩大。

### 3. 发酵终止标准

一般发酵结束时，液体为棕黄色，菌丝球 150 个/mL 以上，静止后澄清透明，菌丝开始自溶，pH 值为 5 左右，残糖量 0.2%左右。

## 第十三节　滑　菇

滑菇又名光帽鳞伞，因其菌盖表面分泌蛋清状的黏液、食用时滑润可口而称滑菇或滑子蘑。我国东北1978年开始人工栽培滑菇，以某些针叶树和杂木的木屑进行箱式栽培为主，近年来也发展用棉籽壳等原料进行栽培。

### 一、工艺流程

备料—配料—装箱—灭菌—播种—发菌—出菇管理—采收加工。

### 二、技术要点

#### (一) 培养基配方

(1) 木屑87%，麸皮（米糠）10%，玉米粉2%，石膏1%，料：水=1：(1.4~1.5)。

(2) 棉籽壳90%，麸皮10%，料：水=1：(1.4~1.5)。

(3) 木屑70%，米糠30%，水适量。

#### (二) 配料装箱（袋）和灭菌

根据滑菇喜湿的特性，配料时含水量应高于其他食用菌培养基的含水量，可高达75%。箱栽时用木箱、塑料筐、柳条筐等为栽培箱，内垫农用塑料薄膜（箱大小为60cm×35cm×10cm），把拌好的培养料倒入箱内，拍平压实，用塑料薄膜盖紧，经高压蒸气灭菌1.5h。

#### (三) 人工接种

灭菌后冷却至30℃以下即可接种。接种时在无菌室内先把塑料薄膜揭开，按（3~4）cm×（3~4）cm规格穴播菌种。穴深2cm。然后在料面撒上一层菌种，每瓶菌种接种2箱。接种后把塑料薄膜盖严，培养箱在培养室内按“品”字形堆叠，培养菌丝。

在冬季寒冷低温的情况下，也可将配制好的培养料整袋灭菌，然后把培养料趁热倒入预先消毒好的内垫塑料薄膜的箱内，拍平压实，冷却30℃以下接种。

**（四）发菌管理**

接种后，先控制室温10~15℃，让菌丝长满料面，再提高温度（22~23℃）继续培养，约经2个月菌丝长满厚度5~6cm的培养料。在冬季自然条件下培养时，要经3~4个月菌丝才能长满培养料。夏季高温时加强通风，经常喷水散热降温，防止因高温导致菌丝死亡。

**（五）出菇管理**

菌丝长满培养料后料面形成一层橙红色菌膜，这时培养料因菌丝生长而连成块（菌砖），此时可将菌砖倒出，放在预先备好的栽培架上，掀开塑膜，用刀将橙红色菌膜划成2cm×2cm的格子，然后喷水保持空气相对湿度90%，调温15℃左右，适当通风，并保持栽培室内有一定散射光，以促进子实体的形成。

**（六）采收加工**

当子实体的菌盖长至3~5cm，菌膜未开，质地鲜嫩时，即可以采收。以菌盖不开伞、色泽自然、菇体鲜嫩、坚挺完整，菌柄基部干净、无杂质、无虫蛀为上品；半开伞为次品；菌盖全开、子实体老化、菇体变轻为等外菇。

采收后的滑菇置于阴凉湿润处保存。5℃条件下可保存1周以上。

采收第一批滑菇后，去除菌根、菌丝，恢复10d左右，继续水分和温差管理，又可以出菇，总共可以产3~4批菇。

## 第十四节　榆黄蘑

榆黄蘑是一种广温型食用菌，菌丝生长温度为6~32℃，适宜温度 23~28℃，34℃时生长受抑制；子实体形成的温度范围为 16~30℃，适宜温度为 20~28℃；适宜空气相对湿度为 85%~90%；适宜 pH 值为 5~7，pH 值大于 7.5 或小于 4 时菌丝生长缓慢；子实体生长需要光照，光线弱时子实体色淡黄，室外栽培时子实体色鲜黄。代料栽培的基质含水量 60%为适宜。

自榆黄蘑驯化栽培成功以来，已有季节性批量栽培，以鲜菇供应市场，也有干品销售。目前菌种筛选有所开展，栽培方法如平菇一样有多种方式。近年来的生化研究发现榆黄蘑的子实体含有较丰富的β-葡聚糖，其具有良好的抗肿瘤和提高人体免疫功能的作用，受到食品、医药部门的重视，作为保健食品开发和作为别具风味的食品添加剂开发有所进行。干品近年有批量出口。

**1. 培养料**

用于榆黄蘑的培养料除杂木屑以外，黄豆秆、玉米秆、玉米芯等粉碎后均可用于栽培。对子实体的β-葡聚糖含量有要求时，要进行特殊培养料的试验测定才能达到栽培效果。

**2. 菌种生产**

榆黄蘑菌丝生长速度较快，750mL 的菌种瓶接种后在 25℃条件下培养 25d 即可满瓶使用。菌袋培养 30d 左右，菌丝可满袋使用。

**3. 培养料配方**

（1）杂木屑 78%，麸皮 20%，糖和石膏各 1%，含水量 60%。

（2）大豆秆粉或玉米芯粉或玉米秆粉 40%，杂木屑 35%，麸皮 16%，豆饼粉 4%，石膏 2%，石灰 3%，pH 值 6.0~6.5，含水量 60%。

（3）杂木屑 100kg，麸皮 20kg，豆饼粉 5kg，石膏 2kg，石灰 2kg，pH 值 6.0~6.5，含水量 60%。

**4. 生产季节**

根据榆黄蘑的菌丝生长和子实体发生的适宜温度要求，南方可以安排春、秋两季栽培，冬季若有适当保温措施也可以栽培。北方可以安排在春末、夏季和初秋栽培。

**5. 培养料制作与培养**

（1）培养料熟料栽培。按配方中各原料比例称重，干拌 2~3 次后湿拌，调至含水量 60%左右装袋、灭菌，冷却 30℃以下接种培养菌丝体。

（2）培养料发酵栽培。配方（2）和配方（3）可采用堆制发酵后进行床栽。按主、辅材料比例拌匀，分别在建堆后的第四天、第六天、第八天、第十天和第十二天进行 5 次翻堆，翻堆时调节水分、测试 pH 值。发酵好的培养料呈茶褐色，pH 值 6.0 左右，具有香味，随后进床铺料播种。

**6. 出菇管理**

出菇场的环境卫生要符合食品原料栽培场所的条件。水质要符合饮用水标准，严禁向菇体直接喷洒农药，环境用药也遵循安全用药规则。

出菇场保持空气相对湿度 90%左右，有较强的自然光。发现虫害时采用网纱窗门隔离或农药自然蒸发驱赶、灯光诱杀等方法防治。

**7. 采收与加工**

当菇盖生长未平展时采收，避免菌盖反卷过熟、色泽变淡时才采收。采收后根据产品质量要求加工，无论鲜销或制成干品，都要及时。因榆黄蘑子实体细长，烘烤时起始温度比香菇略低，从 35℃开始，并在低温时保持时间长些。干品标准以色泽鲜黄，菇体完整，有特殊香味，含水量为宜。

## 第十五节　冬虫夏草

冬虫夏草又名冬虫草、夏草冬虫，藏语称雅扎贡布，无性型是中国被毛孢，隶属于丝孢纲束梗孢目被毛孢属。冬虫夏草功效成分包括多糖、核苷类、甘露醇、甾醇类及活性蛋白等，具有多种功效。

目前人工培育冬虫夏草研究取得了突破性进展，如人工繁殖蝙蝠蛾昆虫，成功接种中国被毛孢，模拟天然环境能培育出冬虫夏草子实体，接近商业化生产目标。曾纬等（2005）提出了保护区生态化生产、人工部分控制生产环节的农场化生产和完全的工厂化生产的3种冬虫夏草生产模式。目前冬虫夏草人工培育方法主要采用半人工栽培，即在天然生境中集中较大虫口，通过自然感染方式来获得冬虫夏草子实体，如采用人工喷洒菌液等方法可提高子实体产量，但已有企业实现冬虫夏草完全的工厂化人工培育。

### （一）准备工作

#### 1. 准备菌种

预先制备分生孢子悬浮液，为喷洒饲料和幼虫体做准备。将保存的中国被毛孢斜面菌种移植到斜面或茄形瓶培养基上，扩大培养。将菌落移入无菌水中，制成浓度约 $1\times10^{7}$ 个/mL 的分生孢子悬浮液备用。产孢培养基配方为麸皮1~5g、蛋白胨0.5~1.5g、酵母粉0.5~1.5g、葡萄糖2~4g、大米30~40g，加入25~35mL搅拌均匀的鸡蛋液中，以水补足至100mL。菌丝在14~20℃ 65%~90%相对湿度下培养35~55d，然后转至10~15℃诱导分生孢子产生，20~40d可得大量分生孢子。

#### 2. 准备寄主

昆虫寄主昆虫可在高海拔产区建立饲养室，也可从产区野外采集寄主蝙蝠蛾进行人工饲养，目前已经实现在低海拔人工气候室人工饲养繁殖蝙蝠蛾昆虫。主要是应掌握对昆虫成虫期、卵期、幼虫期、蛹期等各种虫态的操作处理，包括饲料选择、饲养环境、土壤选择、温度及湿度选择等饲养技术要点。在寄主昆虫饲养过程中，前期及中期使用腐殖土和沙土混合作为幼虫基质，后期使用纯沙基质，控制土壤含水量在40%~60%。自然条件下，冬虫夏草寄主蒲氏钩蝠蛾完成世代发育需要3~4年，而青海拉脊蝠蛾完成世代发育需要4~5年。人工饲养条件下，完成一个世代可缩短至531.1d。

**3. 准备栽培场所**

野外栽培常采用坑栽法。将在野生条件下饲养的幼虫置于排水良好、日照少、易保湿的土坑内，坑深20~25cm，坑内平铺10cm厚的腐殖质丰富的沙壤土，然后放入寄主蝙蝠蛾喜食植物的根叶，同时边拌边喷入100~200mL/$m^2$冬虫夏草菌孢子液。随后将已经喷了3d菌液的幼虫放入土坑内，在覆土面上盖一层树叶、草根、菜叶等。野外栽培分春季栽培与秋季栽培，春季于5—6月接种，秋季于9—11月接种，室内人工栽培不受季节限制。

**（二）接种和僵虫制作**

选择寄主昆虫易感染冬虫夏草菌的幼虫期十分重要，刚蜕皮的幼虫或取食活动量大的幼虫容易感染。人工饲养幼虫密度较大时，幼虫之间彼此咬伤，损伤率较高时，也易接种成功。当饲养的幼虫达三四龄、有2/3以上的幼虫蜕皮时，将幼虫集中。接种时将高浓度孢子悬浮液均匀地喷到幼虫体及饲料上，每天喷2次，连续喷3d。在野外人工饲养时，接种应在阴天或傍晚太阳落山时进行，此时紫外线较弱，且幼虫较为活跃。

在人工气候室饲养时，为了提高感染率，也可在食物中混入冬虫夏草的分生孢子、菌丝体或子囊孢子，让幼虫增加接触感染的机会。室内人工接种时，也可以将孢子悬浮液注射到幼虫与头部交界的背部表皮下，提高接种成功率。感染冬虫夏草菌的幼虫缓慢死亡，并最终僵化成为僵虫。

**（三）虫草发育期管理和采收**

幼虫接种后，土壤含水量保持在40%~50%，并防止践踏和鸟类啄食。坑内幼虫会迅速感染、僵化，虫体表面逐渐长出白色菌丝。包括夏季6—7月休眠期在内，一般接种后120d才能形成达到药用标准的虫草。

半人工栽培与全人工栽培的栽培技术基本相同，主要区别在于昆虫感染后，前者将接种的昆虫安置在野外生境，而后者则在人工气候室培养。由此可知，半人工栽培可明显降低能耗成本，但生产周期长达1~2年，且损耗较大；全人工栽培有利于控制子实体形成和生长过程中的生态条件，如子实体分化需要0℃左右低温刺激，温度变化有利于子实体形成，子实体生长需要基质含水量60%~80%，相对湿度95%~100%为宜，微弱光照能诱导子实体产生，子实体有向光性生长特性等，生产周期短，半年内即可收获。

若在人工固体培养基上培育冬虫夏草子实体，需要在避光、温度14~20℃和相对湿度45%~60%的条件下培养菌丝35~55d，然后转至子实体生长发育所需的环境中，进行子实体诱导。子实体生长发育需要避光，氧气浓度10%~15%，环境温度0~10℃，相对湿度70%~90%。通常诱导5~6个月后，子实体长度可达3~8cm。

## 第十六节 银耳

银耳，又名白木耳，是我国传统的名贵食用菌和药用菌。具有强精补肾、滋阴润肺、生津止咳、补气和血等功效。银耳多糖具有提高人体免疫功能的作用。我国传统出口银耳有四川通江银耳和福建漳州雪耳。

### 一、工艺流程

#### （一）段木栽培工艺流程

伐木备料—抽水—截段—打穴接种—发菌—出耳管理—采收加工。

#### （二）代料栽培工艺流程

备料—拌料装袋（瓶）—灭菌—接种—菌丝培养—出耳管理—采收加工。

## 二、技术要点

### (一) 段木栽培技术要点

#### 1. 菌种

选择试管种菌丝生命力强，生长速度快，不易出现酵母状分生孢子的纯白菌丝，同生长速度快，爬壁能力强的羽毛状香灰菌丝混合后，在二级种的菌瓶中灰黑斑点相间均匀，可出耳，耳基较大，耳片开展，洁白。栽培种表面出现许多白毛团集生点，培养20余天后有许多不规则的银耳原基者，为可用菌种。

#### 2. 段木准备

选择木质结构疏松的阔叶树，如梧桐、油桐、山乌柏、拟赤杨、枫树、法国梧桐、鹅掌楸等，于冬季（出芽前）砍伐。原木伐后含水量常在45%~55%，需要进行（抽水）原木干燥，带枝叶抽水到含水量40%左右，即可截成1~1.2m长的段木，并在两端截口上涂刷5%石灰水就可接种。

#### 3. 接种

用打穴器打穴接种，随打随接，穴距3~5cm，行距2~3cm。注意菌种中纯白菌丛和羽毛状菌丝混合均匀，用接种器接入并用树皮盖或石蜡封口。

#### 4. 发菌

接种后耳木堆叠成柴片式（顺码式），并用塑料薄膜覆盖保温于22℃左右，促进菌丝萌发定植和发菌。

#### 5. 出耳管理

本阶段要求对耳木进行全面清理，按品种和接种期及成熟度分开，以便成批出耳。这时应根据气候条件掌握好温度、湿度、通气三者关系。在20~28℃温度下均可正常出耳，而气温高时水分蒸发量大，要求多喷水，以助散热和补充水分，但高温高湿容易招来杂菌滋生，必须适当通风，让耳木表面干爽。水分过多，容易产生流耳和发生线虫等虫害，造成耳基腐烂等现象。在白毛团扭结、原基分化、耳芽产生和耳片展开阶段，应当勤喷、细喷、均匀喷，每次喷水量以不过分流失为原则。

**6. 采收**

耳片充分展开时，用竹片或不锈钢刀，从耳基割下，并将残留耳基去除干净，以利于再生银耳。

### （二）代料栽培技术要点

**1. 菌种**

选择早熟而易开片的菌种进行代料栽培。作为代料栽培的菌种，通常在试管中 12d 即可见耳芽产生，瓶子中 15d 左右即有耳片产生，其他同段木栽培部分的菌种要求。

**2. 拌料装袋**

栽培银耳常用塑料袋规格为 12cm×50cm，菌种含水量 58%左右，略偏干，料水比为 1：（1.0～1.1）。因为银耳菌丝较耐干燥，适宜偏干环境，且偏干的培养基不利杂菌滋生，有利提高接种成功率。

制菌袋时，先将塑料筒一端用线扎牢，在火焰上熔封，从另一端装料，约装 45cm 长度的培养料，稍压实后，袋口用线绳或塑料绳双道扎紧，然后将料筒稍压扁，在其上等距离打 3～5 穴，穴深 1.5cm、直径 1.2cm、贴上 3.5cm×3.5cm 专用或医用胶布，也可以灭菌后再打穴，接种后贴胶布。

**3. 灭菌**

用常压灶灭菌时，把料筒作井字形排列，保温 100℃，6～8h；高压灭菌 1.5h，灭菌结束后，将料筒搬到冷却室，冷却后接种。

**4. 接种**

同香菇代料栽培接种工序一样操作。

**5. 菌袋发菌管理**

接种后的菌袋放入菌丝培养或栽培室，前3d温度控制在26～28℃、相对湿度55%～65%，3d后将温度调控在24℃左右，适时通风，喷水保湿。

**6. 采收加工**

银耳采收必须掌握子实体的成熟度，成熟即采。采收过早影响产量，采收太晚，容易烂耳。一般掌握在耳片完全展开，色白，半透明，柔软而有弹性时，不论朵子大小均要采收。采收时，可用刀片从料面将整朵银耳割下，清水漂洗后，单层摆放在晒席或筛子上，暴晒1～2d。在日晒过程中，可轻轻翻动几次，使其均匀干燥，在晒至半干时，结合翻耳，修剪耳根。

## 第十七节　香　菇

香菇又名香菌、花菇、香蕈，是一种重要的食用栽培真菌。香菇肉质肥厚细嫩，味道鲜美，香气独特，营养丰富，具有很高的营养、药用和保健价值。香菇除了具有较好的治疗肝病和癌症的功能外，它可以降低血脂，增强人体免疫力，从而改善人的体质。随着经济的快速发展，人们生活水平的不断提高，香菇的国际国内市场将会日益扩大，对香菇及其加工品、保健品的需求量迅速增加，香菇制品前景广阔。

### 一、栽培季节

南方地区一般在秋季栽培，冬春季节出菇。北方地区一般在春季1—4月发菌栽培，避开夏季，秋冬季节出菇。

### 二、培养料配方

常用的配方：木屑83%、麸皮16%、石膏1%，另加石灰0.2%，含水量55%左右。

## 三、栽培袋制作

常用18cm×60cm的聚乙烯塑料菌袋，装袋有手工装袋和机器装袋。栽培量大，一次灭菌达到 1 000 袋以上的最好用机器装袋。装袋机工效高达300~400袋/h。装袋时都要求装的料袋一致均匀，手捏时有弹性、不下陷。料袋装满后，要及时扎口。装完袋，要立即装锅灭菌，不能拖延。常压灭菌时，要做到在5h内温度达到100℃，维持14~16h，闷一夜。

室外荫棚畦床式（或层架式菇床）袋栽香菇的主要工艺见图5-3。

## 四、栽培管理

### （一）打穴接种

一般采用长袋侧面打穴接种法，4人配合操作。第一个人用纱布蘸少许药液（75%酒精：50%多菌灵=20：1）在料袋表面迅速擦洗一遍，然后用锥形木棒或空心打孔器在料袋上按等距离打上3个接种穴，穴口直径为1.5cm，深2cm，再翻过另一面，错开对面孔穴位置再打上2个接种穴；第二个人用无菌接种镊子夹出菌种块，迅速放入接种孔内；第三个人用（3.25~3.6）cm×(3.5~4.0)cm胶片封好接种穴；第四个人把接种好的料袋搬走。边打穴，边接种，边封口，动作要迅速。

### （二）发菌管理

“井”字形堆叠，每层4袋，4~10层。发菌时间为60d左右，期间翻堆4~5次。接种6~7d后翻第一次，以后每隔7~10d翻一次，注意上下、左右、内外翻匀，堆放时不要使菌袋压在另一菌袋的接种穴上。温度前期控制在22~25℃，不要超过28℃，后期要比前期温度更低。15d后，将胶片撕开一角透气。再过1周后，如生长明显变慢则在菌落相接处撕开另一角。在快要长满时，用毛衣针扎2cm左右的深孔。

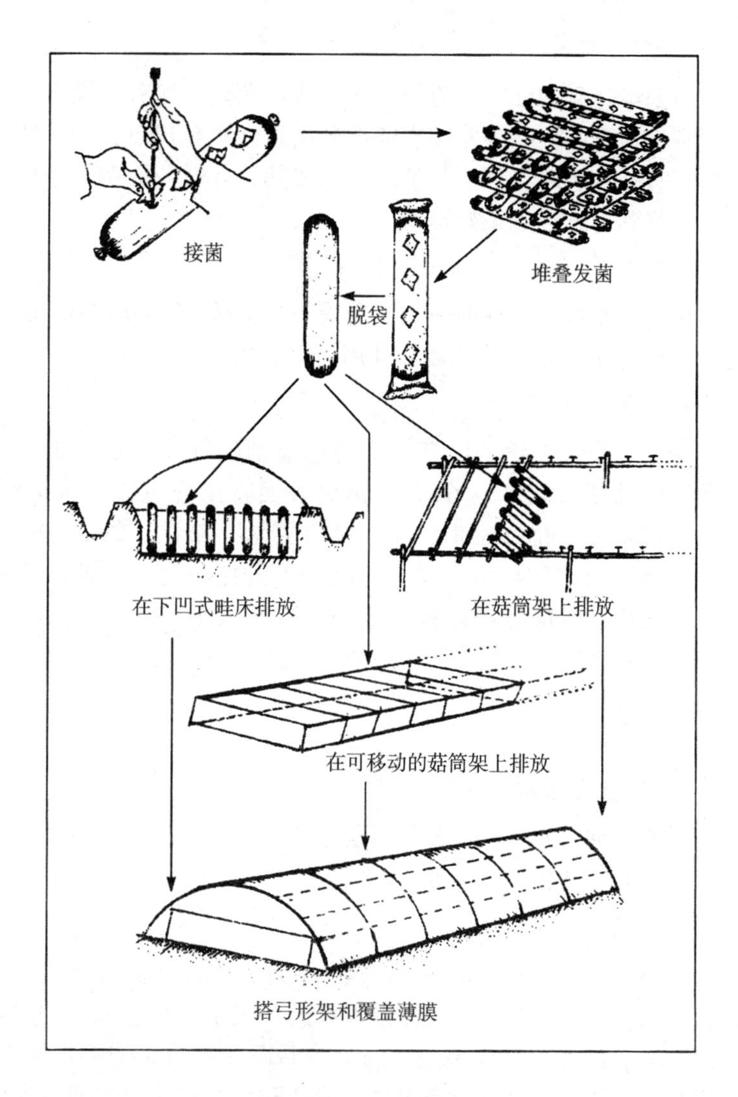


**图 5-3　室外荫棚畦床式袋栽香菇的接菌、发菌和菌筒排放**

## （三）转色管理

脱袋转色包括脱袋、排筒和转色。

**1. 脱袋**

当菌龄达到60d时，菌袋内长满浓白菌丝，接种穴周围出现不规则小泡隆起，接种穴和袋壁部分出现红褐色斑点，用手抓起菌袋富有弹性感时，表明菌丝已生理成熟，此时脱去菌筒外的塑料袋，移到出菇场地正好排筒。

**2. 排筒**

排放于横杆上，立筒斜靠，菌筒与畦面成60°~70°角，筒与筒的间距为4~7cm，排筒后立即用塑料薄膜罩住。

**3. 转色**

转色是非常关键的时期。①转色前期的管理。脱袋3~5d，尽量不掀动塑料膜，5~6d后，菌筒表面将出现短绒毛状菌丝，当绒毛菌丝长接近2mm时，每天掀膜通风1~2次，每次20min，促使绒毛菌丝倒伏形成一层薄的菌膜，开始分泌色素并吐出黄水。当有黄水时应掀膜往菌筒上喷水，每天1~2次，连续2d。②转色后期管理。一般连续一周菌筒开始转色，先从白色转成粉红色，再转成红褐色，形成有光泽的菌膜，即人工树皮，完成转色。

**（四）出菇管理**

一般接种后60~80d即可出菇。秋、冬、春三季均可出，但不同季节的出菇管理不一样。

**1. 催菇**

代料栽培第一批香菇多发生于11月，这时气温较低，空气也较干燥，所以催菇必须在保温保湿的环境下进行。催菇的原理是人工造成较大的昼夜温差，满足香菇菌变温结实的生理要求，因势利导，使第一批菇出齐出好。操作时，在白天盖严薄膜保温保湿，清晨气温最低时掀开薄膜，通风降温，使菌筒“受冻”，从而造成较大的昼夜温差和干湿差。每次揭膜2~3h，大风天气只能在避风处揭开薄膜，且通风时间缩短。经过4~5d变温处理后，密闭薄膜，少通风或不通风，增加菌筒表面湿度，菌筒表面就会产生菇蕾。此时再增加通风，将膜内空气相对湿度调至80%左右，以培养菌盖厚实、菌柄较短的香菇。催菇时如果温度低于12℃，可以减少甚至去掉荫棚上的覆盖物，以提高膜内温度。

**2. 出菇**

（1）初冬管理。11—12月，气温较低，病虫害少，而菌筒含水充足，养分丰富，香菇菌丝已达到生理成熟，容易出菇。采收一批菇后，加强通风，少喷水或不喷水，采取偏干管理，使菌丝休养生息，积累营养。7～10d后再喷少量清水，继续采取措施。增加昼夜温差和干湿差距，重新催菇，直到第二批菇蕾大量形成，长成香菇。

（2）冬季管理。翌年的1—2月进入冬季管理阶段。这时气温更低，平均气温一般低于6℃，香菇菌丝生长缓慢。冬季管理要加强覆盖，保温保湿，风雪天更要防止荫棚倒塌损坏畦面上的塑料薄膜和菌筒。暖冬年景，适当通风，也可能产生少量的原菇或花菇。

（3）春季管理。3—5月，气温回升，降雨量逐渐增多，空气相对湿度增大。春季管理，一方面，要加强通风换气，预防杂菌；另一方面，过冬以后，菌筒失水较多，及时补水催菇是春季管理的重点。先用铁钉、铁丝或竹签在菌筒上钻孔，把菌筒排列于浸水沟内，上面压盖一木板，再放水淹没菌筒，并在木板上添加石头等重物，直到菌筒完全浸入水中。应做到30min满池，以利于上下菌筒基本同步吸水，浸入时间取决于菌筒干燥程度、气温高低、菌被厚薄、是否钻孔、培养基配方以及香菇品种。如Cr-20的浸水时间就应比Cr-02的浸水时间长些。一般浸水6～20h，使菌筒含水量达到55%～60%为宜。然后将已经补足水分的菌筒重新排场上架，同时覆盖薄膜，每天通风2次，每次15min左右，重复上述变温管理，进行催菇。收获1～2批春菇后，还可酌情进行第二次浸水。浸泡菌筒的水温越低，越有利于浸水后的变温催菇。通过冬、春两季出菇，每筒（直径10cm、长40cm左右）可收鲜菇1kg左右。这时，菌筒已无保留价值，可作为饲料或饵料。如果栽培太晚或者管理不善，前期出菇太少，在菌筒尚好、场地许可的条件下，可将其搬到阴凉的地方越夏，待气候适宜时再进行出菇管理。

### （五）采收

一般待菇盖展开 70%~80%时，菇盖的边缘仍然内卷，菌褶下的内菌膜才破裂不久就得采收，此时菇形、菇质、风味均较优。先熟先采，后熟后采。

采收时一手按住菌袋，一手捏菇柄基部，轻轻旋转再连柄拔起。若待菌盖 90%展开才采收，由于香菇采收后的后熟较明显，菇盖仍会展开，影响香菇等级。如待菌盖全展开，烘烤后菇盖边缘向上翻卷，形成薄菇，菇柄纤维增多，菇质较差。

## 第十八节　姬松茸

姬松茸栽培与双孢菇栽培有许多相似之处。姬松茸的栽培有熟料栽培和发酵料栽培两种方式，发酵料栽培具有成本低、产量高、管理方便、易于推广等优点，本节主要介绍发酵料栽培。

### （一）栽培季节

姬松茸属中温型菇类。子实体在 16~26℃均能发生，以 18~21℃最适宜。温度偏高时生长快，菇薄且轻，温度偏低，生长慢。在福建，一般春、秋两季栽培，春季在 2 月上旬至 4 月中旬堆料播种，秋季在 7—8 月堆料播种。我国幅员辽阔，各地区应根据当地自然气候特点，选择最佳季节。

### （二）培养料配方

（1）稻草 58%，干牛粪 40%，石膏粉 1.5%，石灰 0.5%。

（2）稻草 58%，木屑 30%，干牛粪 9.7%，尿素 0.3%，石膏粉 1.5%，石灰 0.5%。

（3）稻草 43%，棉籽壳 43%，干牛粪 7%，麸皮 6%，石膏粉 1%。

（4）稻草42%，蔗渣41%，干牛粪10%，麸皮6%，石膏粉1%。

上述配方供各地栽培时参考。姬松茸可利用的原材料广泛，栽培者可根据各地自然资源，选择配制培养料。

### （三）堆制发酵

在播种前12~20d按常规法堆制发酵。发酵过程中翻堆3~4次。尿素在建堆时与主料一起加入，石膏、石灰等在第二次翻堆时加入，最后一次翻堆时调整培养料含水量至60%左右，覆盖薄膜，闷杀害虫。

### （四）作床铺料

菇棚立体栽培：搭床架3~4层，层架之间距离60cm，宽90cm。将发酵好的培养料抖散铺在床面上，料厚15~20cm，用料量20~25kg/m$^2$。

### （五）播种

将发酵好的原料铺在架子上，厚度约10cm，撒一层麦粒菌种再铺5cm料，再撒一层菌种，菌种用量为3~4瓶菌种每平方米，最后在表面再盖少量的料，轻轻拍实即可。

### （六）养菌

养菌温度以22~26℃为宜，培养料含水量以60%~70%为宜，养菌期不需要光线，pH值以6.0~7.5为宜，播种3d以后，做好通风换气和料基的保湿工作。

### （七）覆土

养菌20d左右，当菌丝长到整个培养料的2/3时开始覆土。选择沙质土，取耕作层以下的土壤，用石灰粉调pH值7.0~8.0，闷堆2d使用。在草料表层覆土2~3cm厚，保持棚内温度22~30℃，15~20d后，菌丝爬到土粒间及表层。

### （八）出菇管理

当床面长出大量菇蕾时，菇棚温度应控制在20~24℃，每天喷水 1~2 次，保持空气相对湿度 80%~90%。菇蕾长至 2cm 时，加大通风量，增强光照。姬松茸整个生长期可采 4~5 潮菇，每潮间隔 10~15d。采收后要清理床面，清除残留菇、萎蔫菇、死菇。停水 3~5d 后，应重新补土，加大通风量。

### (九) 采收

菌盖呈半球形、菌膜未破裂、菇盖未开伞、子实体八分成熟时采收。采收前 1d 应停止向菇体喷水。采菇时左右旋转菇柄基部，轻轻拔下。切去菇根，防止菇柄带土，采后应及时加工。

## 第十九节　长根菇

长根菇，又名长根奥德菇、长根金钱菌，属伞菌目、白蘑科、金钱菌属。常于夏秋间单朵散生，极罕三五成群生于林中腐殖质地面。长根菇系腐生真菌，其子实体细嫩爽口、气味浓香、味道鲜美，发酵液对小白鼠肉瘤 180 有抑制作用。

### 一、工艺流程

备料—装袋—灭菌—接种—菌丝培养—覆土—出菇管理—采收。

### 二、技术要点

#### 1. 菌种制作

母种和栽培种配方为木屑或棉籽壳 79%，麸皮 15%，玉米粉 5%，石膏粉 1%，含水量 65%~70%，pH 值 5~7。按以上配方常规配制，装瓶、灭菌、接种，于 20~25℃ 培养 30d，菌丝可长满瓶或长满 17cm×34cm 菌袋（装干料 0. 25kg）。二级种用菌瓶，菌龄不超过 40d；三级种可用瓶或袋，菌龄不超过 35d。

#### 2. 栽培季节

子实体发生与发育的温度范围 10~23℃。该菇生长期短，在北方 7—9 月栽培为宜，南方海拔 500m 以上地区 7—11 月可栽培。

**3. 搭盖菇棚**

选择土壤透气性好、具有腐殖层和靠近水源的地方，参照香菇荫棚方法搭盖，荫蔽度为“八分阴，二分阳”。

**4. 栽培袋的制作与培养**

栽培原料广泛，木屑、棉籽壳、花生壳、玉米秆、豆秆、蔗渣等均可。常用配方有以下几种。

（1）木屑 88%，麸皮 10%，石膏粉 2%。

（2）棉籽壳 88%，豆秆粉 10%，石膏粉 2%。

（3）木屑 45%，棉籽壳 45%，麸皮 8%，石膏粉 2%。

以上配方含水量调至 65%~70%，以（17~20）cm×45cm 规格袋装袋灭菌，打穴接种，以“井”字形排放培养 30d。注意通风，当培养袋表层形成粉红色，菌丝密集形成白色束状即可脱袋排放于荫棚内畦床上出菇。

**5. 出菇管理**

菌袋上方覆盖 1~1.5cm 厚的沙壤土，畦床上搭拱形塑料薄膜棚，每天通风 2~3 次，早晚各喷 1 次水，阴雨天少喷。经 15d 左右子实体逐渐形成，这时每天喷水 1 次。在采完第一潮菇后，去除残留菇根；覆盖薄膜，逐渐加大喷水量，每天喷 3~4 次，通风 3~4 次。经 10d 后可采第二潮菇。

**6. 采收**

长根菇目前主要外销。采收前 2~3d 停止喷水，以增加菇体韧性，减少破损。菌盖长至 3.5~4.5cm 时采收。采收时动作敏捷以减少带上培养基。采收后切根分级，鲜菇柄长为 2~4cm，可鲜销或脱水加工。

## 第二十节　秀珍菇

秀珍菇又名袖珍菇、小平菇。秀珍菇在栽培性状、外观上与一般平菇没有差异。而在食用品质上，秀珍菇子实体，特别是菇柄的口感上比其他侧耳品种脆嫩得多，丛生菇菇柄处极易剥离；秀珍菇菌柄纤维化程度低，口感柔爽、细腻，菇味清香浓郁，比较绵脆。秀珍菇不仅富含蛋白质、糖分、不饱和脂肪酸、维生素、叶酸，而且含有较多的钾、磷、钠、镁、铁、钙等矿物元素，其非水溶性含蛋白质多糖体对小白鼠肉瘤 180 的抑制率可达 100%。

### 一、栽培季节

秀珍菇可春、秋两季栽培，秋栽安排在 8 月下旬至 9 月上旬开始制袋，10 月上中旬开始开袋出菇，出菇期直至翌年 4 月上旬。

### 二、培养料配方

（1）棉籽壳 93%，麸皮 5%，糖 1%，碳酸钙 1%。

（2）杂木屑 75%，麸皮 15%，玉米粉 3%，石膏 2%，黄豆粉 3%，糖 1%，碳酸钙 1%。

（3）棉籽壳 40%，蔗渣（杂木屑）40%，麸皮 18%，碳酸钙 2%。

### 三、菌袋制作与培养

秀珍菇代料栽培和平菇代料栽培技术基本一致，但在栽培袋制作过程中必须注意以下几个问题。

（1）选定培养料配方后应提前备料，杂木屑或蔗渣必须过筛，以免装袋时将塑料袋刺破。

（2）拌料时要混合均匀，含水量控制在 60%~65%。

（3）装好料必须及时彻底灭菌，待料袋温度降到25℃以下即可无菌操作接种。

### 四、发菌管理

接好种的栽培袋移到10～26℃的培养室发菌。发菌阶段应保持黑暗，并注意检查。经过25～30d的培养，菌丝长满菌袋后即可出菇。

### 五、出菇管理

出菇时，出菇房空气相对湿度为85%～95%，温度以8～15℃为宜，适当散射光。通风良好的情况下，揭开袋口3～4d后，袋口会长出大量菇蕾。

### 六、采收

采收标准与要求同平菇，要及时采收。秀珍菇整个栽培周期需要3～4个月，产量主要集中在第一、第二、第三潮，采完1潮菇后应停止喷水2～3d，再进行喷水管理，每潮菇转潮需要8～12d。秀珍菇的生物效率为100%。

## 第二十一节　真姬菇

真姬菇属伞菌目、白蘑科、玉蕈属，又称玉蕈、斑玉蕈、蟹味菇、海鲜菇、鸿喜菇，是日本首先驯化栽培成功的一种珍贵食用菌，在国际市场上颇受欢迎。真姬菇菌盖肥厚，菌柄肉质，菌盖颜色一般为灰色、灰褐色。真姬菇质地脆嫩，口味鲜美，营养丰富。我国于20世纪90年代引进并逐步推广，生产的真姬菇多以盐渍品出口外销，出口规格为菌盖直径1.5～4.5cm，柄长2～4cm。生产过程主要通过控制环境条件获得盖小柄长的子实体。近年来，国内一些大城市郊区也有鲜品和腌制品出售，市场前景十分好。

## 一、工艺流程

### 1. 熟料袋栽工艺流程

配料—装袋—灭菌—冷却—接种—发菌—出菇管理—采收加工。

### 2. 生料（发酵料）袋栽工艺流程

配料—堆制发酵—装袋—接种—发菌—出菇管理—采收加工。

## 二、技术要点

### 1. 栽培季节

真姬菇与香菇、平菇相似，属中低温型、变温结实性菇类。子实体原基分化温度为10～17℃。在适宜温度范围内，温差变化越大，子实体分化越快。真姬菇的规模栽培主要分布在湖北、河北、山西、河南等产棉省份，一般为秋冬栽培。在河北省石家庄市的最佳出菇季节为10月中下旬至翌年的3月中旬，即7月上旬制作三级种，9月中旬接种栽培袋，10月中下旬开始出菇。

### 2. 菇棚建造

真姬菇栽培产量高低、品质优劣，除选用优良菌种、选择适宜季节和科学管理外，在我国北方栽培中关键还需建造一个结构合理且具有良好保温、保湿性能的菇棚。菇棚以半地下室为好。选择背风向阳地，菇棚东西向长10～20m、南北宽3～5m，栽培地下深1m，棚顶最高处2m。菇棚结构有两种，一种是周围“干打垒”土墙结构，北高南低呈30°角；另一种是拱形顶。东西墙留有对称通风口，竹木为架，塑料薄膜封顶，加盖草帘。棚门设在土墙东西向的中央，棚内中央设一东西向通道，菌袋按南北方向叠放成墙式，排放于（东西）中央过道两侧。一般每100m$^2$可放置 5 000kg 干料的出菇菌袋。

**3. 培养料准备**

真姬菇属木腐菌，可广泛利用棉籽壳、棉秆屑、玉米芯、豆秸秆、木屑等为培养料，其中以棉籽壳利用最广泛，其生物转化率可达70%~100%；豆秸秆栽培的生物转化率为70%~80%；玉米芯转化率65%左右。原料要求新鲜，无霉变。陈旧的原料需要经过发酵处理后再利用。

**4. 制袋与发菌管理**

生料栽培的菌袋多采用22cm×(45~48)cm低压聚乙烯袋。培养料采用新鲜无霉变的棉籽壳加入3%石灰，按料水比为1∶(1.3~1.4)拌匀后堆闷1~2h，用手紧握培养料，指缝中有水痕渗出为宜。按4层菌种3层料装袋，每袋装湿料2.5kg左右，混种量15%左右。发菌最好选择在室外树荫下，场地要求干净，无杂草，远离畜禽舍，地面撒上石灰。根据气温高低决定排列层次，通常4~6层。低温时，适当增加层数，20℃以上时适当减少堆层，以利通风散热。各层菌袋之间以两根平行细竹竿隔开，以利通气，防高温烧菌。菌袋堆墙二列为一组，每列菌袋墙间隔10~15cm。每3~6d翻堆1次，袋内温度控制在20~26℃为宜，通常20~30d菌丝可长满菌袋。

熟料栽培菌袋多采用17cm×33cm聚丙烯袋。常见的培养料配方有以下几种。

(1) 棉籽壳92%，麸皮5%，钙镁磷肥料2%，石膏1%。

(2) 棉籽壳72%，木屑20%，麸皮5%，钙镁磷肥料2%，石膏1%。

(3) 木屑78%，麸皮20%，糖1%，石膏1%。

每袋装干料500g左右，高压灭菌2h。冷却、接种后置于菇棚内堆成墙式避光培养，每3~6d翻堆1次，并及时处理污染菌袋，温度控制在20~27℃，保持棚内空气新鲜，空气相对湿度不超过70%。

**5. 出菇管理**

室外发菌的菌袋，当菌丝发透2~3d后，移入菇棚内，墙式堆放，高 4~6 层，将袋口打开，喷水降温加湿，并给予温差刺激。子实体分化生长温度为 10~20℃，以 15~17℃为最适，空气相对湿度保持 85%~95%。在较大的温差时，子实体分化快、出菇整齐。根据子实体生长情况调整通风量，不良通风易长畸形菇，光照以 100~200lx 为宜。在上述管理条件下，5~7d 袋口产生黄水，这标志着即将出菇。菇体长至符合标准时应及时采收。每次采收后将料面清理干净，重复进行出菇管理，菇潮间隔 10~15d，一般可采收 3~5 潮菇。每 1 000g 干料的菌袋 1~3 潮菇鲜菇量分别可达 600g、250g、150g。第三潮菇时，需要用补水器向袋内补水。

**6. 采收与加工**

当菇盖直径达到 2~4cm，柄长 3~5cm 时，及时采收。采摘时既不使培养料成块带起，又使菇柄完整，不留柄蒂。菇棚内温度较低时每天采收 1 次，较高时早晚各采收 1 次。采下鲜菇用小刀切去根蒂，分级、加工。

盐渍加工，将分选过的真姬菇放入开水中煮沸 3~5min，捞出放入冷水中冷却。菇体下沉后捞出（不下沉可再煮），放入缸或池中腌制。菇水比 1∶1，保持盐度 20 波美度，经 15d 可出售。

## 第二十二节　黄　伞

黄伞，又名黄蘑、柳蘑、黄柳菇、多脂鳞伞，是分布广泛的好氧性木腐食用菌，可导致木材杂斑状褐色腐朽。黄伞子实体中等大小，边缘常内卷，后渐平展，淡黄色、污黄色至黄褐色，很黏，有褐色近平伏鳞片，中央较密，菌肉白色或淡黄色。菌褶黄色至锈褐色，直生或近弯生，稍密，不等长。

### 一、工艺流程

生产季节安排—安全备料—拌料—装袋—灭菌—冷却—接种—菌丝培养—菌包排架—出菇管理—采收。

## 二、技术要点

### （一）生产季节安排

黄伞的出菇温度范围与双孢蘑菇相仿，南北方的栽培季节可根据其出菇温度和各地气温情况进行具体安排。就福建而言，春季栽培可安排在 2—5 月，秋季栽培可安排在 8—11 月。

### （二）配方

（1）杂木屑 75%，麸皮 20%，玉米粉 3%，碳酸钙 2%，含水量 65%。

（2）杂木屑 65%，棉籽壳 15%，麸皮 15%，玉米粉 3%，碳酸钙 2%，含水量 65%。

（3）杂木屑 55%，麸皮 20%，玉米芯 20%，玉米粉 3%，碳酸钙 2%，含水量 65%。

### （三）制袋

常压灭菌制袋使用 17cm×（36~28）cm 规格的高密度低压聚乙烯袋，高压灭菌使用相同规格的聚丙烯袋。按配方拌料均匀，含水量适宜，装袋时上下松紧均匀，每袋湿重 1.3~1.5kg，干料重 400~450g。

### （四）菌丝培养

在适温（20~25℃）条件下，避光和适量通气培养，通常 40~50d 菌丝可长满袋。

### （五）出菇管理

菌袋长满菌丝后处于 13~18℃ 环境中，保持环境相对湿度 85%~90%，7d 可出现原基。大量原基出现后，菇蕾长至 2cm 左右，采用湿度与通气相结合的方法控制表面原基数量在 15 个左右，正常管理 10d，子实体符合市场要求时即可采收。

出菇管理过程中，当大量子实体产生时，耗氧量大量增加，应注意保持空间湿度和适量通风换气。

**（六）采收**

当子实体菌盖长至4~6cm，边缘尚内卷，柄长10~15cm，色泽金黄，菌褶灰白，孢子未弹射时即可采收。第一潮菇采收后，停水7~10d，即可进入第二潮菇的出菇管理，重复第一潮菇的管理，再过10d即可采收第二潮菇，通常每季栽培可采收3~4潮菇，每袋鲜菇产量可达300~350g。

黄伞子实体可鲜销或干制，保鲜加工和烘干加工如香菇。

## 第二十三节　灰树花

灰树花是一种食、药用菌，人工栽培最早、规模最大是日本，近年来年产鲜品灰树花达万吨以上，还批量从中国进口干品。我国该品种人工栽培起步较晚，多年来一直处于小规模的批量栽培。深加工方面的工作国内还很少开展，目前仅有粗多糖提取加工。

**（一）生产工艺流程**

备料—拌料—装袋—灭菌—冷却—接种—菌丝培养—出菇管理—采收加工。

（菌丝培养—覆土、埋土—出菇管理）

采用以上工艺流程是无覆土栽培。目前有的在培菌后采取袋面覆土或整袋埋土的方法出菇，其他各工艺流程相同。

**（二）生产季节安排**

根据灰树花的子实体发生温度要求，我国南方可一年两季栽培，春季安排在3—5月出菇，秋冬安排在10—12月出菇。在每季期间，可多批生产。采用17cm×35cm菌袋，接种后的菌丝培养期在60d左右，若采用口径更大的菌袋，菌丝培养期需更长，相应出菇的时期也会长些。季节安排应以出菇温度为基准，相应安排制袋、制种的时间。制袋、制种时的气温不适，应采用温控手段培养。

### （三）菌种生产

#### 1. 培养基配方

杂木屑78%、麸皮20%，糖1%，碳酸钙或石膏1%，含水量60%。

#### 2. 容器

二级种用750mL菌种瓶，三级种可用菌瓶或15cm×30cm菌袋。

#### 3. 拌料装瓶、装袋

按配方拌料，含水量60%左右。菌瓶将料装至瓶肩，菌袋料高10cm左右。二级种不可在料中心打穴，三级种可打穴。菌袋需有套环和棉塞。

#### 4. 灭菌

二级种要求高压灭菌，保持2h。常压灭菌当灭菌灶温度达100℃时，保持10~12h。

#### 5. 接种

当冷却30℃以下时，进入接种箱接种。

#### 6. 培养

二级种培养时间30~35d，三级种25~30d。培养期间应勤检查，任何有污染和生长不正常的菌种均应弃除。

### （四）熟料袋栽

#### 1. 生产配方

（1）杂木屑80%，麸皮10%，玉米粉3%，山地表土7%，含水量60%。

（2）杂木屑30%，棉籽壳30%，麸皮10%，玉米粉8%，红糖1%，石膏或碳酸钙1%，细土20%，pH值为5.0~6.5，含水量60%。

**2. 菌袋制作与培养**

按配方称取各原料重量，先干拌后湿拌，按1：(1.2~1.3)的比例加入水拌匀，用17cm×35cm菌袋装料。装料后套上套环，塞棉塞。采用高压灭菌时，菌袋需要用聚丙烯袋。灭菌、冷却、接种均按常规技术规范进行。

在接种箱或接种室内接种，置24℃左右温度下培养，30d左右菌丝满袋。

**3. 直接出菇管理**

在适宜的出菇季节里，菌袋经30~40d菌丝培养，即可进入出菇管理。出菇场所可在原菌丝培养的室内，也可在室外荫棚里。无论室内还是室外，可在层架上直立出菇，也可横卧墙式排放由一端出菇。无论是菌瓶还是菌袋，均可墙式横卧堆放。室外荫棚荫蔽度控制在60%~70%。

当菌袋进入出菇场时，菌袋若是直立放置层架上，即可去除棉塞和套环，并把袋口拉直，在拉直的袋口上覆盖报纸，可向纸上喷水保湿，空间保持相对湿度90%左右。以墙式卧袋排放菌袋时，先保持出菇场空间相对湿度90% 5~10d，培养料表面出现蜂窝状原基，分泌黄色水珠，表面菌苔开始转色时，去除棉塞和套环。如果空间湿度不足，应在层架四周和墙式堆形外加盖保湿塑料膜，当蜂窝状的原基长成珊瑚状子实体时，再将塑料膜掀去。保持较高空气相对湿度，直至子实体成熟。

**4. 覆土出菇管理**

（1）袋内覆土出菇管理。当菌袋长满菌丝后，移入出菇场时，直接去除棉塞和套环，拉直塑料袋口，在袋内覆盖2cm厚的腐殖土，保持土层含水量22%左右，直至出菇。

（2）菌袋埋土出菇管理。采用菌袋埋土出菇管理时，应在室外荫棚里翻土整畦，土层翻深20cm左右，畦宽1.2m，畦间通道30cm。菌袋去除棉塞和套环后，把袋口剪至培养料齐平，在畦面上开有宽20cm的横沟，把菌袋侧面和底部各横竖划破两条直线后，竖直排入畦面的横沟中，菌袋间相隔 5cm，然后四周和顶部覆土，表土层厚 2~3cm，喷水保湿，直至子实体产生。

长满菌丝的菌袋覆土后一般 20d 左右可长出子实体。子实体依气温的高低，成熟的速度不同，通常在原基产生后 10~15d 即可采收。

**5. 采收保鲜**

当灰树花子实体扇形菌盖周边无白边，边缘变薄，菌盖平展，色泽呈灰黑色或灰色，成丛子实体似莲花时，即可采收。若单片的菌盖伸张至下弯，有大量担孢子散发时，即为过熟。

采收前 1~2d 停止喷水。采收时，用手掌托住成丛子实体基部，两指间夹住基蒂，用手掌力气，边旋转边托起，使整丛子实体完整摘下，立即剪去根蒂，成丛排入卫生的筐中。覆土栽培生长的子实体，要避免泥沙混入子实体叶片中。过长的蒂头应剪去，细心挑拣子实体上的异物，保证子实体干净、无杂质。在加工前，根据市场需求，或成丛加工，或分剪为小丛再加工。

保鲜加工工艺流程：原料采收或收购—子实体分拣—清洗—初分级—预冷排湿—分级包装—冷藏运输或出售原料。收购中应当注意产品的质量，其中包括朵形大小、色泽深浅、菌柄长短、菌盖厚薄；在分拣中包括分成大小不同的小丛，子实体叶片之间应清理干净一切杂物，如泥沙、草芥等；为了防止灰尘，快速用饮用水冲洗 1 次，立即摊开按不同等级进入预冷排湿或晾晒排湿，使鲜菇子实体的含水量在 75%~80%。预冷 24h 后，按商品要求分级包装，在冷库中冷藏或冷藏车外运销售。4℃ 条件下，子实体保鲜 10~15d 不变色，色香俱好。

## 第二十四节　羊肚菌

羊肚菌子囊果肉质脆嫩，味道鲜美，除含有大量多糖、氨基酸以外，还含有维生素和钙、锌、铁等多种矿物质。研究表明，羊肚菌具有调节机体免疫力、抗疲劳、抑制肿瘤、抗菌、抗病毒、降血脂、抗氧化等多种功效。此外，羊肚菌还含有一种脯氨酸类似物的特殊香味物质，可作为调味品和食品添加剂。羊肚菌在欧洲被认为是仅次于块菌的美味食用菌；我国明代的《本草纲目》中就有“甘寒无毒，益肠胃，化痰理气”的记载。

虽然羊肚菌栽培技术逐渐走向成熟，但其遗传、发育、生理学等方面的研究进展缓慢，在规模化生产中仍存在着菌种来源不清晰、栽培技术不成熟和产量不稳定等问题，常造成严重的经济损失。

羊肚菌整个栽培过程主要包括菌种制备、播种、外源营养袋补料、保育催菇、出菇管理和采收干制 6 个阶段，其中菌种制备、保育催菇是整个生产环节中的重点。梯棱羊肚菌栽培工艺流程如下。

## 一、季节安排

羊肚菌属于低温型真菌，应根据当地气候条件，选择环境温度低于 20℃时进行播种。通常四川、湖北等地在当年 10 月下旬以后播种，翌年 4 月中下旬采菇结束，栽培周期约 6 个月；山东、河南、陕西等地在 10 月上中旬播种，翌年 5 月初采收结束。春季地温达到 4~8℃时开始催菇，为最佳出菇温度，当温度高于 20℃则难以出菇，超过 25℃时生产季节即结束。

根据播种季节安排菌种制备时间。母种生产周期约为 15d，原种生产周期 20~30d，栽培种生产周期约 30d。各级菌种务必按时使用，否则应低温储存，避免长时间常温存放造成菌种活力降低。

## 二、场地整理

### 1. 选地

选择土质疏松、排水方便且平整的土地作为栽培场地，山地、林地、耕用农田、果树林地等均可利用。播种前 1 个月进行翻耕晒地，可以有效杀灭土壤中的杂菌。

**2. 整地**

根据地势、水流方向和风向进行整地，将场地整成箱面，箱宽1.0~1.4m，长度不限，箱间沟宽约30cm、深约20cm，确保排水方便和便于行走。

**3. 搭建遮阳棚**

场地整理之后即进行打桩，架枝干，顶部盖遮阳网，平棚或拱棚均可，需要使用遮光率达10%~15%的遮阳网进行遮阳处理。拱棚顺着风势走向而建，宽5~8m，高2.5~3.0m，长度不超过80m，以免影响通风；平棚依据场地面积而定，长江以北地区，优选使用拱棚，以抵御风雪。

## 三、菌种制备

菌种制备是羊肚菌生产的关键点，优良菌种具有菌龄合适、生命力旺盛、纯度高和无污染的特点。根据播种季节，菌种制备时间往前推65~75d，不宜过早，以免影响菌种活力。

当前广泛使用的优良菌种大多由野生菌种驯化而来。由于羊肚菌菌种无论在栽培生产环节还是在转管保藏过程中均容易老化或退化变异，因此应避免母种肆意扩繁，也不能随意选择可栽培的子囊果自行分离，用作栽培生产中的母种。人工分离的菌种必须经过栽培试验，检验其性状，经过系统筛选，才能应用于规模化栽培。应尽量选择当前已经人工栽培的菌株进行菌种生产，在未栽培过羊肚菌的地区，进行小面积试种或菌种筛选非常必要。

菌种制备必须严格按照菌种生产规程进行，在制作过程中要经常观察菌种长势，剔除菌丝稀疏、污染或老化的菌种。一般母种培养基选用PDA固体培养基，接种后22~25℃避光培养3~4d，即可长满试管或9cm培养皿。原种与栽培种的培养料配方相同，常压或高压灭菌后使用，常用配方如下。

（1）杂木屑67%，麦粒20%，腐殖质土10%，生石灰1.5%，石膏1.5%。

（2）杂木屑30%，小麦30%，稻谷壳27%，腐殖质土10%，生石灰1.5%，石1.5%。

（3）杂木屑40%，稻谷壳22%，玉米粉（粗）25%，腐殖质土10%，生石灰1.5%，石膏1.5%。

（4）玉米芯40%，草粉22%，小麦20%，腐殖质土15%，生石灰1.5%，石膏1.5%。

麦粒使用前需浸泡18~24h或煮熟软化。培养料充分混匀后，加水搅拌，培养料含水率控制在60%~65%为宜，装瓶或装袋后灭菌备用。原种、栽培种菌丝初期洁白、浓密，20~25℃菌丝长速为1.3~1.5cm/d，后期菌丝发黄或棕黄色，通常在菌丝长满袋（瓶）前后，在菌种袋（瓶）的上部开始出现菌核，不同菌株菌核产生时间、形态特征均不相同。需要说明的是，基于目前的资料看，菌核并非是菌种质量优劣的一个指标。

## 四、播种与补料

### 1. 播种

当秋季气温下降到20℃以下时，开始进行播种。将培养好的栽培种在箱面上进行撒播或穴播，按每公顷菌种用量 2 625~3 375kg进行播种。播种结束后，覆土3~5cm。最后在覆土层上覆盖1~2cm厚的稻草或麦秆，进行保湿和遮光；或用黑色农用地膜进行覆盖，也能起到很好的避光、保湿效果。

### 2. 补充营养

播种14~20d后，即覆土层白色“菌霜”产生后1~2周，需要对土壤中羊肚菌菌丝体进行外源营养的补充，外源营养袋培养料配方可以与栽培种培养料配方相同。将已灭好菌的外源营养袋侧边划口后，均匀平铺摆放在“菌霜”上，使羊肚菌菌丝与外源营养袋中的培养料可以直接接触，覆土层表面的菌丝将进入外源营养袋，吸收袋内营养成分，转化、利用，并向土壤内菌丝传送、存储。

补料约1个月之后，菌丝长满外源营养袋，营养逐渐转移至土壤中的菌丝体或菌核中后，可撤走外源营养袋。此时环境气温通常已下降至4~8℃，可转入低温保育阶段。虽然目前的经验显示，大田生产中不撤袋依然可以出菇，但撤袋能刺激出菇。

补料期间可保持棚内透光率5%~10%，出菇季节透光率10%~15%，微弱的散射光刺激可诱发菌丝分化和原基形成，但应避免强光直接照射在原基或幼菇表面，造成组织的灼伤，致使原基夭折或出现畸形菇。补料阶段土壤含水率不应低于18%，空气湿度65%~80%，以免菌丝失水干枯。

## 五、出菇管理

生产经验表明，出菇前4℃以下一周以上的低温刺激对出菇是有利的。根据栽培区域气候特点，当春季地温回升至4~8℃时，调节空气相对湿度至85%~95%，土壤含水量为20%~28%，并进行散射光照射，昼夜温差大于10℃，进行催菇处理，此时菌丝逐渐分化，在土壤内部或覆土层表面扭结形成原基，原基似豆芽粗细、浅白色，幼嫩且脆弱，必须做好保育工作，防止原基夭折。随着幼嫩子囊果形成和发育，应注意控制温度和空气湿度，保持表层土湿润，并适量通风；13~23℃羊肚菌子囊果发育速度最快，地温高于20℃则不利于原基形成；应严防出现25℃以上的高湿高温天气，以免病害大暴发。

## 六、采收与加工

### 1. 采收

当子囊果长至10~15cm、菌盖表面的脊和凹坑明显、菌盖颜色逐渐由褐色变浅为黄褐色或金黄色时，即可进行采收。采收时，一只手五指并拢捏住菌柄基部，另一只手拿小刀，从菌柄基部近土表面将子实体切下，同时将菇体下面附带的土壤、杂物等削去，轻放在干净的篮子内。

### 2. 干制保存

采收后子囊果及时晒干或烘干，避免堆积褐变。烘烤时应从

30~35℃开始，逐步加大通风，及时排出湿空气，避免菇体急剧收缩或褐变，保持2~3h至菇体不再收缩后，逐渐升温至45~50℃，保持2~3h至彻底干燥。适当回潮后，装入加厚的透明塑料袋中，密封保存，避免因回潮过度而发生霉变。

## 第二十五节　大球盖菇

大球盖菇，又称皱环球盖菇、酒红色球盖菇、褐色球盖菇，隶属球盖菇科、球盖菇属。大球盖菇是一种草腐生菌。大球盖菇朵大、色美、味鲜、嫩滑爽脆、口感好，富含多种人体必需氨基酸及维生素，有预防冠心病、助消化、解疲劳等功效，是国际菌类交易市场中十大菇种之一。

大球盖菇栽培较为粗放，可在果园、林木、农作物中套种，成为结构合理、经济效益显著的立体栽培查模式，是一项短平快的脱贫致富的农业种植项目。

### 一、工艺流程

备料—培养料处理（染料）<br>菇场选择与构筑—整畦消毒 } —铺料播种—发菌—覆土—出菇管理—采收加工。

### 二、技术要点

#### 1. 栽培季节

大球盖菇多采用室外、野外生料栽培，直接受到自然气候条件的影响，所以因地制宜地安排栽培季节，显得尤为重要。

大球盖菇属中温型，子实体形成温度范围8~28℃，最适温度16~24℃。福建省中低海拔地区以9月中旬至翌年3月均可播种，高海拔地区在9月至翌年6月均可播种，以秋初播种温度最适宜。长江以北地区，大致在8月上旬及2月下旬播种，10月中旬及4月中旬开始出菇较为适宜。具体操作时应参照各地气候条件，选择在气温15~26℃范围播种为宜。

**2. 菌种制作**

二级种和三级种用麦粒、谷粒或木屑、棉籽壳为原料均可，具体制作按常规操作。

**3. 培养料及其处理**

稻草、麦秸、玉米秆、野草、木屑、棉籽壳等任选一种或数种混合，不需添加其他辅料即可栽培。稻草最好选用晚稻草，因其质地坚硬，产菇期较长，产量也较高。各种材料必须无霉烂，色泽、气味正常。备用的秸秆在收获前不使用农药，且晒干后切碎使用。

将备好的培养料在播种前用清水或1%石灰水浸泡，使原料浸透吸足水分，然后沥干，使含水量在70%~75%，培养料的pH值以5.5~7.5为宜，即可用于栽培。

**4. 菇场构筑**

菇场选择在避风遮阳的“三阳七阴”或“四阳六阴”的环境中，场内排水良好，土质肥沃疏松，富含腐殖质。棚内或无棚有遮阳的野外均可栽培，常采用畦栽，畦宽1.5m，长度不限，畦面龟背形或平整，四周开挖排水沟。铺料前畦面必须喷药杀虫杀菌，并撒生石灰消毒。

**5. 铺料、播种和覆土**

将浸泡沥干水的栽培料铺在畦面上，底层料厚8~10cm，压实，均匀穴播菌种，穴距20cm×20cm，然后上铺一层15~20cm厚的栽培料，压实，均匀穴播或撒播。规格同前，撒播每500g颗粒菌种播种1.5$m^2$畦面。其上层铺1~2cm栽培料，以不见菌种为宜。最后覆盖草帘或旧麻袋保温保湿。用料量20~25kg/$m^2$，播种后，2~3d菌丝萌发，3~4d开始“吃料”。覆土时间依不同栽培模式和环境有所不同。

大球盖菇的栽培模式大致有三种：一是果园立体栽培模式，南方以柑橘园为多。此模式不需要搭棚，利用柑橘树自然遮阳，其覆土时间一般在播种后 25~35d。二是阳畦栽培模式，该模式主要是利用冬闲田或落叶树林地或山坡荒地。栽培时采用简易搭瓜棚的形式或不搭棚架直接覆盖草帘遮阳。此模式由于缺少林木或其他遮阳环境，场地光照充足，水分散失较快。为避免畦床中栽培料偏干，影响菌丝生长，一般播种后 10~15d 覆土。三是塑料大棚栽培模式，此模式可参照蔬菜塑料大棚搭建或利用蔬菜大棚与蔬菜套种。此法一般在菌丝长满料层 2/3 时，大约在播种后 1 个月覆土。

覆土材料选用腐殖质含量高的疏松土壤，土层厚 2~4cm，覆土材料必须预先杀虫、杀菌，并调节土壤含水量至 20%左右。

**6. 播种后的管理**

播种后的菌丝生长阶段力求料温 22~28℃，料含水量 70%~75%，空气相对湿度 85%~90%。播种后 20d 内一般不直接向料中喷水，只保持畦面覆盖物湿润，防雨淋。20d 后根据料中干湿度可适当喷水。喷水时，四周多喷、中间少喷，以轻喷、勤喷管理。当料温过高时，掀开覆盖物并可向畦床扎洞通气；当料温过低时，覆盖草帘保温。

**7. 出菇管理**

覆土后保持土层湿润，15~20d 菌丝爬上土层。这时调节空气相对湿度 85%左右，并加强通风换气，再经 2~5d 后即有白色小菇蕾出现（通常在播种后 50~60d 出现）。

这时主要工作是加强水分管理和通风换气，保持空气湿度 95%左右。从菇蕾出现到成熟需要 5~10d。菇蕾出现后喷水，应细喷、轻喷，以免造成畸形菇。大球盖菇朵直径 5~40cm，在菇盖内卷、无孢子弹出时采收。正常情况下可采收 3~4 潮菇，以第二潮菇产量最高。鲜菇产量 6~10kg/$m^2$。采收时紧按基部扭转拔起，勿伤周围小菇。采后去除菇蒂泥土，即可上市销售或保鲜，盐渍加工或干制加工。

# 第二十六节　灵　芝

灵芝俗称灵芝草，古代又称为仙草、瑞草、木官花，在真菌分类学中属于担子菌纲、多孔菌目、多孔菌科灵芝属，有100多个种，其中红芝为主要的药用灵芝。野生灵芝主要分布在热带和亚热带，海南是灵芝资源最丰富的地区。

灵芝人工栽培主要目的是获得子实体和孢子粉，以往常采用室内瓶栽法栽培，近年来逐渐改为室外建荫棚，棚下培养袋埋畦法以及室内代用料袋栽培法，此外，还有枝丫柴截段制作培养袋以及段木栽培法。

## 一、袋栽工艺流程

灵芝袋栽工艺流程见图5-4。

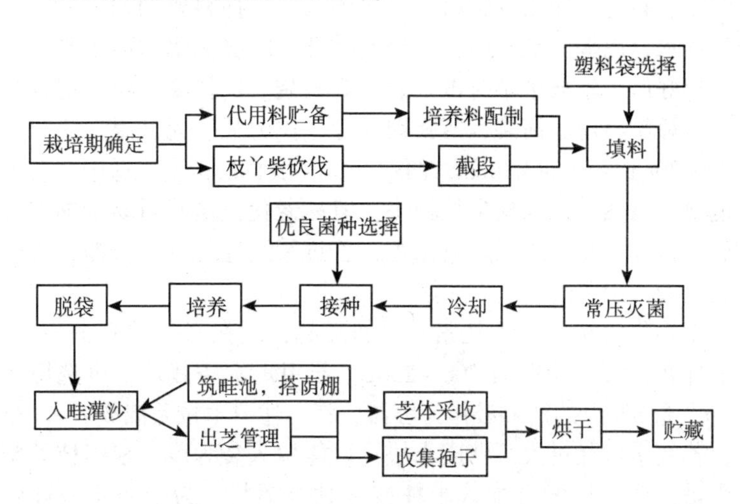


图5-4　灵芝代料及短段木栽培工艺流程

## 二、塑料袋室内栽培法

**1. 栽培时间的确定**

灵芝栽培季节宜安排在当地平均气温稳定为20~23℃时为始栽期。向前推25~30d，则为栽培袋制作期。大面积栽培可再推前10d。

**2. 培养基配制**

（1）配方。常用配方有如下3种：①木屑70%，麦麸28%，蔗糖1%，石膏1%。②木屑80%，麦麸18%，蔗糖1%，石膏0.7%，尿素0.3%。③秸秆75%，麦麸23%，蔗糖1%，石膏0.7%，尿素0.3%。

（2）培养料的制配方法。①称料。选定配方后，按配方比例称料。②拌料。按配方的料水比1.55：1逐步加入清洁的水，可将蔗糖、石膏、尿素等辅料溶于水再入料。拌料要均匀，让料充分吸透水，以握紧能成团，放松能散开，指缝见水印而不滴水为度。拌好后，堆放半小时再入袋。③装袋。选择高压聚丙烯或高密聚乙烯塑料薄膜筒袋，薄膜韧性好、拉力强、无砂眼，筒袋直径15~20cm、长28~30cm，两端开口。填料松紧度要适中，若填料过松，虽然前期菌丝生长较快，但易老化，培养料易干缩，造成后期营养不足，难以形成菌盖，若过紧则通气性能较差，菌丝生长缓慢，出芝迟。

塑料袋两端用棉纱扎紧，但勿反扎，或在料袋端套上环套，塞上棉塞，每袋干料为200~250g，若用短木条栽培，可选用宽15cm、长33cm的塑料袋作为容器，将上述树木枝条截成15cm小段，若枝丫口径过大可劈成小块，以能填入袋为度，根据枝丫柴的质量，按上述配方加入米糠或麦麸等辅料。为了防止袋被刺破，可先将短段木放入袋内，再填入辅料压平，扎口，或套上环套并塞上棉花塞。

**3. 灭菌**

一般采用常压灭菌，料温上升到100℃后保持8~10h。灭菌时应开始猛火加热，驱赶锅内冷空气，使料温快速达到 100℃，锅与袋要留有一定空隙，使蒸汽流通快，灭菌彻底。

灭菌时间达到以后，停一段时间，让其自然降温后，可打开锅门，出锅后置于冷却室或干净房间排放好待用。

**4. 接种**

灭菌后，待袋料温度下降至 30℃以下时，即可按常规的无菌操作规程在接种箱内接种，每瓶菌种接 10～20 袋，接种块以花生仁大小为宜，同时还要尽量把种块接入孔穴中，以便尽快封面，缩短栽培时间，以免菌丝尚未蔓透培养料，子实体原基就已形成。

**5. 出菇管理**

（1）菌丝体阶段管理。接种后的栽培袋搬入培养室，置于培养架上，每架不宜超过 3 层。室内温度保持在 26～28℃，空气相对湿度宜在 60%～70%。约 1 周后菌丝即可覆盖培养基表面，并向下蔓延 1～2cm，进入旺盛生长期，培养 25～30d 后，菌丝长满全袋。再经过 10～15d 培养，菌丝达到生理成熟。

当菌丝长满培养袋后，可给予散射光，诱导芝原基形成。此时如果环境条件适宜，处在基质表面的菌丝扭结成白色或黄色的小疙瘩，表明菌丝体已进入生理成熟，转入生殖生长阶段，此时可以把袋口的棉花塞或牛皮纸解开，增加空气湿度，使之保持在 90%左右，气温宜保持在 28℃左右。此阶段的管理要点是保温保湿，增加散射光，防止芝原基萎缩。

（2）子实体形成阶段的管理。子实体形成的最适条件是温度 26～28℃，相对湿度 85%～95%。为了给子实体形成创造良好的环境条件，一般情况下每天室内喷水 2～3 次，具体视天气情况灵活掌握，雨天少喷（或不喷），晴天多喷，并注意通风透气，如二氧化碳浓度过高，菌柄会产生很多分枝，造成品质低劣，产量低下。

菌盖的生长方式是一轮轮沿水平方向外生长，同时向下生长形成菌管，当菌盖边沿的生长点消失，变成品种特有颜色时，便不再扩展而定型，意味着进入成熟阶段。

菌盖生长结束并不意味整个生长过程完成，因为菌管中的孢子还处于继续发育阶段，直到菌管散发孢子粉，孢子完全释放，生长过程才算完成。

## 三、塑料袋室外棚埋畦栽培法

### 1. 埋袋

将生理成熟的栽培袋搬入预先设置好的浅畦沟坑内，用刀片划破塑料袋，取出菌柱竖放坑内，随放随用干净湿细砂或腐殖质含量较低的湿表土填充菌柱之间的空隙，并覆上 1～2cm 厚的细沙，淋些水，最好覆盖薄膜。

取出生理成熟的袋料菌柱，捣碎成块状，平铺于浅畦内，稍压实，厚度约为 10cm，其上覆盖薄膜，数天后菌丝恢复，重新结块，当表面发白时，在料面铺上厚 2cm 的细湿土，再覆盖薄膜，为防水分过度蒸发或雨水流入，可在畦沟上方建拱棚。

### 2. 管理

灵芝子实体发育温度为 22～35℃，若提前入畦，气温达不到发育温度，子实体原基不能分化，则应以增加畦温为目标进行管理，比如增加光照强度，延长光照时间。

一般到 5 月中下旬，幼芝陆续破土。如氧气供应充足，菌柄原基在环境条件合适情况下，在柄顶端光线充足一侧，出现小突起，并向光照方向扩展，此时要求有较高的空气相对湿度，江南一带已进入雨季，空气湿度较高，除了大晴天要喷水增湿外，一般情况下相对湿度是足够的。气温较高时，要注意菌盖边缘上分化圈的颜色变化，防止变灰，一旦变灰，即使增大湿度也不能恢复生长。

5 月下旬至 6 月上旬，在高海拔地区气温较低，夜间要关闭畦上荫棚增温，白天打开以防因二氧化碳浓度过高而产生“鹿角芝”（只长柄，不分化盖），此期通风是保证芝盖正常展开的关键。6 月以后，气温已稳定在 22℃以上，实践证明，25℃左右子实体生长慢，质地紧密，皮壳发育较好，有光泽。

30℃时，子实体发育快，个体发育周期短，质地不紧密，菌盖薄，色泽也较差。

温度变化大也不利于子实体分化和发育，易产生厚薄不均的分化圈。

6月中下旬，梅雨季节已结束，逐渐以晴天为主，为了保证充足的空气相对湿度，可采用加厚遮阳物来解决，但不能过暗，否则影响灵芝菌盖的展开和色泽。

当菌盖表面呈现出漆样光泽，成熟孢子从菌盖下方针状菌管内不断散发时，便可采集子实体或收集孢子粉。在适宜的条件下，经20~30d可再次形成原基。

室内荫棚埋畦法栽培比室内袋栽可增收30%~80%，灵芝菌盖的形状、色泽好，个头大，但温度和湿度不易控制。

## 四、灵芝的段木栽培

灵芝段木栽培主要是利用小口径段木，对大口径段木可采用生料短段木栽培。

**1. 种树的选择与处理**

种树主要选用油脂和芳香类化合物含量低的阔叶树木，如栎、柞、栗、桦和其他硬杂木。

（1）砍伐时间。段木的砍伐时间以树木落叶到发芽前为宜。

（2）截段。把树砍下，剥去枝叶，截成1m长小段，大口径段木则可截成长度为15~20cm小段。

（3）堆放。在段木截面处涂上石灰浆，以防杂菌污染，堆放7~15d，易返青的树木堆放久些，以防接种后返青过程，造成菌种死亡。

**2. 接种**

用冲击钻在段木上打洞穴，穴深不少于1.5cm，株形距5cm，呈“品”字形排列。大口径短段木则要在横截面上打孔，规格可同上。

打孔后可将菌种、木屑、米糠按 1∶3∶1.8 加蒸馏水混合至湿润，涂在孔穴内，然后用专用涂料封穴或涂在孔穴及整个断面，高度为 5~10mm，外厚内薄。

**3. 发菌**

将接种后的木材堆放在培养室或室外荫棚中，注意保温保湿，不能雨淋日晒，堆高 1m，排成“井”字形，并在其上覆盖薄膜。

如果是大口径短段木，为了保湿，则可每 3~4 段叠成一筒再用木板纵向钉牢，最后用薄膜覆盖。

堆放好后，在中午温度较高时进行通风，并在半个月或 10d 内喷 1 次消毒杀菌药水防止污染。7~10d 翻堆 1 次，上下对调，内外对调，以保证温湿均匀，发菌一致。气温稳定在 20℃时，便可进行出芝管理。

**4. 埋料**

段木内菌丝发育成熟时，即把段木截成 20cm 的小段，埋入预先整好的畦内，深度视畦床土质、透气性能、渗水性能而定，一般为 10cm 左右，每段间隔 10~20cm（管理同上述袋料外荫棚栽培法）。

## 五、采收

灵芝的采收标准是盖已充分展开，色泽变红，胶质革质化，正开始弹射孢子。此为成熟标志，应及时采收。采收过早，子实体幼嫩，未长足，产量低；采收过迟，子实体衰老，药效差。

瓶、袋栽采收后仍可放回原处继续栽培，还能继续出芝，段木栽培，一般可产两年。灵芝采收后，剪除柄基部的菌蒂，及时晒干或烘干，置于塑料袋内妥善保存，并每月进行 1 次检查复晒，防霉防蛀。

灵芝的深加工方面具有广阔前景，除制成灵芝干品外，还可以提炼多糖，制成酊剂、片剂、胶囊、丸类，浸酒及制成灵芝孢子粉冲剂等。

## 第二十七节　白灵菇

白灵菇也称白阿魏蘑，是阿魏蘑的白色变种，属真菌门、担子菌纲、伞菌目、侧耳科、侧耳属。

### 一、栽培季节和栽培场所

**1. 栽培季节**

对于低温型食用菌，在无控温设备的情况下，利用自然条件栽培出菇，必须合理安排生产季节，使自然条件满足菌体不同发育阶段的要求。可根据出菇期、发菌所需时间推算制种时期，从而合理安排从制种到栽培的各工艺环节。

**2. 栽培场所**

白灵菇的栽培场所有很多种，可利用菇房、塑料大棚、闲房旧舍、土窑洞栽培。

### 二、白灵菇菌种的制备

**1. 母种制备**

白灵菇母种培养基可引进原始母种或复壮母种后，用 PDA 培养基扩繁，也可用 PDA 培养基进行组织分离制取。

**2. 原种、栽培种制备**

原种、栽培种可用以下培养基制备。

（1）麦粒培养基。麦粒 98%，碳酸钙 1%，石膏粉 1%。

（2）棉籽壳木屑培养基。棉籽壳 45%，木屑 45%，麸皮 8%，糖 1%，石膏粉 1%。

## 三、白灵菇塑料袋熟料栽培

### 1. 配料

（1）配方。①木屑 78%，麸皮 20%，红糖 1%，石膏粉 1%，另外每 100kg 干料加酵母片 0.05kg，过磷酸钙 0.5kg。②木屑 68%，棉籽壳 10%，麸皮 20%，其他同配方①。③杂木屑 60%，棉籽壳 20%，麸皮 18%，石膏粉 1%，糖 1%。④棉籽壳 40%，木屑 40%，麸皮 10%，玉米面 8%，石膏粉 1%，糖 1%。⑤稻草 57%，棉籽壳 10%，木屑 13%，麸皮 10%，玉米面 8%，石膏粉 1%，糖 1%。⑥棉籽壳 78%，麸皮 12%，玉米面 8%，石膏粉 1%，糖 1%。以上配方含水量均为 65%。

（2）拌料。拌料一定要拌匀，最好先干拌，再湿拌，否则料易结块，不便于拌匀，若培养料未拌匀，就等于改变了培养料的配方。另外拌料加水一定要计算准确，任何经风干晾晒的培养料总含有一定的含水量，也要计算在内。

### 2. 装袋

由于白灵菇出菇转化特殊，一般只收 1 潮菇，因此为了提高其生物转化率，一般采用小袋栽培，常选用 17cm×34cm 的菌袋栽培。无论是人工装袋还是装袋机装袋，均要求松紧适宜，千万不能刺破菌袋，最后扎紧袋口，最好套颈口圈并加封棉塞。每袋可装培养料干重 0.4～0.5kg。另外，购买料袋时，要检查料袋的质量。

### 3. 灭菌

料袋的灭菌必须彻底，要求料袋的摆放、堆码必须有利于热蒸气的流通，不能造成死角，采用高压灭菌时需要维持 2.5h，采用常压灭菌时，需要 100℃维持 10h。为了提高灭菌效率，可用周转筐盛装菌袋及搬运，周转筐可用扁铁焊接，其大小以能装 12 袋为宜。这不但可以提高工作效率，而且会降低污染率。灭菌结束，待料袋冷却后搬入接种室。

**4. 接种**

小规模生产可用接种箱接种，大规模生产则需要用专用接种室来接种，以提高接种效率。

接种前必须对菌种瓶（袋）及接种箱、专用接种室等进行消毒灭菌，尽力创造一个无菌环境。可将菌种瓶及瓶口的棉塞用0.2%~0.3%高锰酸钾溶液浸泡或擦拭进行表面消毒灭菌，接种室需要用熏蒸消毒及紫外线照射消毒。另外，白灵菇抗杂能力弱，接种时可将栽培袋口在20%煤酚皂溶液中浸一下，再次对袋口消毒。接种室内接种最好两人配合，可提高工作效率。总之，必须严格无菌操作。

**5. 发菌**

即进行菌丝体的培养，要求在发菌室内进行，尽量满足白灵菇菌丝生长对环境条件的要求。一般在25~28℃下，经35~40d即可“吃透”培养料。

**6. 出菇管理**

（1）催蕾。发菌结束后，需要降低发菌室温度，或者将菌袋搬入适合子实体分化的低温场所，即菇房或菇棚内，并给予适宜的温差刺激及散射光照，10d左右，袋内可见有原基产生。

（2）开袋时间。待袋内产生原基后，解开袋口或拔出棉塞，待原基长到2cm大小时可剪去袋口上部的袋膜，让子实体迅速长大。若原基在袋的侧壁产生，则需在侧壁上开穴，让子实体长出，这样的出菇袋可采用悬挂式管理出菇。为了便于出菇管理，常把生长一致的菌袋集中于同一菇架或同一菇墙上。

（3）温度管理。原基形成后要求菇房的温度控制在8~15℃，并给予适宜的温差。

（4）湿度管理。要求菇房内空气湿度为85%~90%，不宜太高，若湿度不够需要喷水，切忌直接喷向菇体，应向地面、走道喷水，向空间喷雾。若将水直接喷到菇体表面，会造成菇体变黄，甚至发霉、腐烂。白灵菇由于个头大、菌肉厚，因此抗旱能力较强，可采取较偏干的水分管理。

（5）空气调节。白灵菇子实体生长需要新鲜的空气，因此要做好菇房的通风换气工作。当通气不良时，子实体畸形，甚至产生羊肚菌状或玫瑰状子实体，若再加上空气湿度太大，就会在菌盖上产生霉菌菌落。

（6）光线调节。白灵菇子实体分化及生长需要一定的散射光，菇房较亮，一般以 100~500lx 的光照为宜。

**7. 采收**

开袋后，在正常条件下经 10~12d 生长，子实体菌盖由内卷逐渐平展时即可采收，因白灵菇蛋白质含量很高，若采收太迟，则会造成子实体变黄、腐烂、发臭。另外，由于白灵菇一般只出 1 潮菇，所以采收后应立即将菌袋搬出菇房，以防病虫滋生。白灵菇的生物转化率低，一般为 50%~65%。

# 第六章　食用菌工厂化生产

## 第一节　食用菌工厂化生产概述

食用菌工厂化生产就是采用现代工业设施、设备，模拟和创造满足食用菌生长发育的营养和环境条件，按企业设定的产品质量标准，进行无气候和季节差异的规模化生产方式。

### 一、食用菌工厂化生产的原理

食用菌工厂化生产的基本原理是利用工业上的一些先进设备和设施，如温、光、气、湿的调控装置和空气净化等装置，在相对封闭和保温的食用菌生长车间内，通过对食用菌生长车间的温度、湿度、通风、光照等主要环境条件的调控，形成一种适合于食用菌生长的最佳环境条件，并逐步发展和完善食用菌栽培机械化，从而形成一套完整的工业化、标准化现代农业生产管理体系，实现食用菌全天候工厂化周年生产。

### 二、食用菌工厂化生产的特点

**1. 可周年、规模化生产**

发达国家的菇场日产一般都在10t以上，且由于可以人工调节食用菌的生长环境条件，能达到全年连续生产。

**2. 产量高**

营养配比和环境参数都尽可能满足食用菌生长发育要求，技术含量高，因此产量比常规栽培高。我国自然条件下栽培双孢蘑菇产量平均不到10kg/m$^2$，而美国工厂化生产的双孢蘑菇产量已超过 30kg/m$^2$。

**3. 质量好**

工厂化生产为食用菌创造了适宜的生长条件，其质量较自然环境条件下要好得多。

**4. 效率高**

工厂化生产过程大多实现机械化、半机械化，生长环境由控制系统自动调节，相对手工操作要节约大量的劳动力，一般周年生产可达 8~10 茬。

**5. 不受自然条件影响**

由于工厂化生产在环境可控的设施内进行，改变了“靠天吃饭”的局面。

## 三、工厂化生产运作模式及布局

**1. 木腐菌工厂化生产模式**

以日、韩木腐菌为主导的食用菌工厂化生产模式的特点是专业化分工，机械化、自动化生产，效率高。工厂化机器设备体形较小，具有多功能性，适合于多种木腐菌类的工厂化应用。目前主要以生产白色金针菇、杏鲍菇为主。木腐菌工厂化推行“公司企业+专业菇农”的生产模式。公司只负责生产、加工的核心技术，包括菌种研发、生产，菌瓶制作、灭菌、接种、发菌以及后期的保鲜、加工、销售，这些设备集中使用，有利于标准化生产。企业生产的菌瓶出售给专业菇农进行培养，一个公司带动十几家农户，菇农只需要按照标准操作，进行出菇管理，菇采收后再出售给公司统一加工保鲜，并将把瓶子和培养废料还给公司。这样可减少农民的风险和前期投资成本。

从 20 世纪 60 年代开始，由接种车间、菌丝培养车间、催蕾车间、生长车间、包装车间和库房构成的标准菇房在日本得到普遍推广。

**2. 以欧美草腐菌为主导的食用菌工厂化生产模式**

以欧美草腐菌为主导的食用菌工厂化生产模式的特点是专业化分工、大型机械化生产、自动化及智能化控制，采用三次发酵技术，投入高，产量高，质量稳定，品种专一，主要栽培的是双孢蘑菇、棕色双孢蘑菇等草腐性菌。欧美发达国家在双孢蘑菇的生产上已基本实现了全过程工厂化，从拌料、堆肥、发酵、接种、覆土、喷水、采菇及清床等生产环节均已实现食用菌工厂化生产。

世界双孢蘑菇生产大国如美国、法国、荷兰、英国和巴西等，从栽培原料的发酵、接种到发菌、出菇管理均采用工厂化的生产工艺，机械化程度达到80%左右。像美国 Sylan 食品公司蘑菇栽培示范中心“昆喜”，采用三区制的栽培方式，整个系统包括移动菇床、1 个机械化的堆肥场、21 间计算机调控的二次发酵隧道、10 间可调控温、湿度与二氧化碳含量的发菌室、25 间 1 300$m^2$ 的出菇室和 1 条机械化操作流水线等，年利润可以达到 2 670 万美元。法国的索梅塞尔公司是当今专业化、企业化最高的菌种公司，年生产菌种 1 万 t，畅销 50 多个国家。荷兰的奥特多尔萨姆堆肥生产合作社，有 5 万 $m^2$ 的双孢蘑菇培养料发酵基地，每 7d 产 5t 发酵后的培养料，不仅供国内使用，还向国外出口。

英国双孢蘑菇产业的模式是一个集中和分散相结合的产业发展模式，人们将之称为“卫星模式”。这种模式的特点是把蘑菇产业划分为制种—堆肥—栽培—销售共四个环节，依据各环节的性质和特点，在全国范围内依次实行集中、相对集中和分散的模式组织生产和经营。把技术要求高、设备要求精细的制种环节实行高度的集中生产；把技术要求较高，设备投资要求较大、规模化效益明显的堆肥环节实行相对集中生产；把技术要求一般、规模可大可小的栽培出菇环节实行分散生产。

**3. 中国式食用菌工厂化生产模式**

中国式食用菌工厂化生产模式的特点是半机械化生产、半自动化控制、产量和质量稳定、资金投入相对较少、回报率高，适合中国国情。栽培品种具有多样化，有些工厂栽培草腐菌中的双孢蘑菇、褐色双孢蘑菇、草菇、鸡腿菇，有些工厂栽培木腐菌中的白色金针菇、杏鲍菇、白灵菇、真姬菇。

中国式食用菌工厂化小型栽培，食用菌工厂化由栽培车间和辅助生产车间两大部分构成。栽培车间主要包括发菌室、催蕾室、出菇室；辅助车间主要包括原料贮藏室、拌料装袋（瓶）室、灭菌室、冷却室、接种室、菌种培养室和保藏室、产品的包装及冷藏室。同时，根据不同车间的功能配备相应的生产设备。为实现周年化、标准化生产食用菌，需要在生产车间配置温度、湿度、光照、通风等调控设备，包括制冷机、加热设备、加湿器、风扇、轴流风机等，同时在接种室配置紫外线灯、臭氧发生器或空气过滤等装置，从而净化空气，提高接种成功率。为了提高工作效率，在拌料装袋（装瓶）室应配备相应的拌料机、装袋机（装瓶机）、周转筐、周转车等机械设备、工具，经济条件好的还可配备自动生产线；灭菌室配备大型高压灭菌仓或常压灭菌仓。

## 四、工厂化生产控制系统

控制设备主要包括温度控制系统、通风控制系统、湿度控制系统和光照系统。

### 1. 温度控制系统

根据栽培食用菌的种类及其不同的生长阶段进行温度控制。夜晚和冬季气温低，除加强保温和蓄温的措施外，还应启动加热系统控制，使菇房内温度保持在生产要求范围内。菇房常用的加热方式有热水、蒸汽、热风和电热等。在白天或夏季气温高、靠遮阳通风不能使温度降至20℃以下时，一般利用降温系统控制压缩机制冷降温，有的利用控制深井泵，将暖气片中介质换为深井水，同时启动房顶喷淋设备，对遮阳帘喷淋，蒸发降温，达到食用菌生长发育生理的要求。

**2. 通风控制系统**

包括新鲜空气交换和内循环系统。不同食用菌品种，同品种不同菌株要求不同。新鲜空气交换有两种方式。①连续通风。保持库内二氧化碳浓度维持在一定水平，连续地保持一定量的新鲜空气交换。②定时通风。保持二氧化碳浓度不超过规定要求，定时短时间将房内气体交换彻底。

连续通风的控制可以通过调整风机转速和风门大小来进行；定时通风控制根据库房空间大小、风机风量大小及不同品种对通风的要求来确定通风的时间长短，通风的间隔时间根据品种要求和不同生长阶段而定。通风量的确定根据品种不同和不同生长阶段而定。风机大小和型号确定也因品种、库房规格、通风要求而定。内循环为了保持库房温度和氧化均匀一致，必须有足够的内循环来保证。内循环时间及风量的确定，根据不同品种、库房床架的设计和规格、不同生长阶段而定，方式有两种。一种是定时内循环方式，另一种是连续内循环方式。其控制方式同新鲜空气交换。

采用轴流风机或换气扇，主要根据菇房的空间大小来安装不同数量、不同功率的轴流风机，还需特别注意通风口必须安装防鼠铁网和防虫网。通风口一般离地面30~50cm，栽培室内为了保证温、湿度和氧气均匀，房顶还需要安装吊扇。

**3. 湿度控制系统**

食用菌子实体生长过程中对水的需求比较大，不仅需要较高的空气相对湿度，而且培养基也需要浇水增湿。湿度控制采用水雾化设备实施，以避免水滴直接落到菇体上造成菇体腐烂，同时结合通风设备达到室内湿度平衡，以满足食用菌生长对湿度的要求。

**4. 光照系统**

主要是根据食用菌在发菌、催蕾、出菇、长菇过程中对光线的不同要求，设置不同数量、不同功率的节能灯或灯管。

## 五、工厂化生产机械设备

### 1. 双孢蘑菇工厂化的主要配套设备

（1）草、粪肥、水混合机。这是一种大功率机械，具有切草功能，同时还具有将草、粪肥、水充分混合的功能。

（2）疏松机。将培养料装入后可自动疏松培养料。

（3）轮式装载机。在发酵场内用来运输草、粪肥，培养料换房。

（4）输送带。用于草、粪、培养料的输送。

（5）离心风机。用于发酵隧道空气的内外循环。前发酵隧道每个隧道需要3~5kW功率的离心风机，二次发酵隧道每个隧道需要12.5kW功率的离心风机。

（6）空气过滤器。二次发酵隧道所需的新风必须经过1μm的过滤器导入。

（7）摆动式装料机。培养料一次发酵结束后在进入二次发酵隧道时，培养料用轮式装载机倒在疏松机内，先将培养料疏松，然后疏松机将培养料传送到输送带上，输送带将培养料输送到摆动式装料机上，摆动式装料机将培养料左右上下、均匀地抛在二次发酵隧道内。摆动式装料机必须连续操作，不能停顿，否则会造成培养料隔层，影响发酵效果。

### 2. 金针菇工厂化的主要配套设备

金针菇工厂化的主要配套设备包括拌料、装袋、灭菌、运输周转、喷雾加湿机械等配套机械。国内目前研发应用的一些设备如下。

（1）自动装瓶机。实现传送、推筐、抬筐、振动和搅拌、打洞、传送、压盖的整个工艺流程的自动化。不同颗粒性和潮湿度的培养基，能实现装瓶质量上的均匀性。

（2）自动装袋机。自动装袋机主要由机架、装料转盘机构、捣杆机构、推盘机构、抱袋机构、定位机构、阻尼机构、搅拌机构及若干辅助机构组成。

(3) 自动固体（液体）接种机。自动接种生产线由输送机、接种机、输出辊道及振动机组成。接种机主体由压盖气缸、启盖机构、种菌漏斗、菌种瓶稳压旋转机构（固体接种）或管路系统（液体接种）、挖菌刀进退刀旋转机构（固体接种）、容器限位机构、链条输送机构、种菌漏斗封门机构（固体接种）或喷头种菌机构（液体接种）、接菌漏斗（固体接种）、机架、气动系统机构、电气自动化控制箱等组成。

(4) 自动挖瓶机。自动挖瓶机由机架体、升降刀架、翻转筐架、定瓶架、电器系统组成，具有节省人力、劳动强度低、工作效率高、挖瓶质量好等特点。它能自动实现压瓶、翻转、定位、压紧、挖刀上升、挖刀下降、翻转松瓶等工序要求的动作。

(5) 双孢蘑菇灭菌器。双孢蘑菇灭菌器的技术路线：蒸汽通入灭菌器室内，加热被灭菌物；通过真空泵抽取灭菌器室内空气，使其达到规定的真空度；将蒸汽通入灭菌器室内，加热被灭菌物，在设定的灭菌温度下保持设定的灭菌压力及设定的灭菌时间，达到灭菌的目的；排放出灭菌室内蒸汽；通过真空泵抽真空和回流空气，对被灭菌物进行干燥。该工艺极大地缩短了灭菌的时间，使被灭菌物品的加热更加均匀，彻底灭菌，灭菌物品的损耗低，合理的控制方法使系统获得很高的稳定性，自动传感器故障报警使系统维护更加轻松。

(6) 自动搔菌流水线。生产流程：先由去盖清洁机去除并清洁瓶盖，然后在搔菌机上翻转搔菌，再输送到加水机加水，最后由输出辊道将菌筐输出。通过调整刀头高度，使各个菌瓶的搔菌深度一致，出菇品质好。对于不同的培养基，在软件控制上实现刷盖时间、搔菌时间和加水时间的自由调整，以满足不同的搔菌效果和加水量要求。

## 第二节　工厂化栽培技术示例

### 一、金针菇工厂化栽培技术

金针菇的工厂化栽培于20世纪50年代在日本兴起，发展较为迅速，1998年日本的鲜菇产量接近12万t，其中以长野县栽培最为广泛。在我国由于栽培金针菇的标准化工厂投资巨大、栽培成本昂贵、市场没有开拓等原因而发展相对滞后。现在工厂化栽培的主要品种是纯白系列，如日本的M-35、M-40、M-50、TK等，这些品种以其色泽洁白、菇质脆嫩而深爱消费者的青睐。现以品种M-50为例将金针菇工厂化栽培的基本流程及注意事项介绍如下。

**1. 培养料配制**

主要有两种配方：一是以木屑为主体的；二是以玉米芯为主体的。二者分别加以辅料如麸皮、米糠或玉米粉等。各个工厂的配方都来源于栽培实践，但大同小异。使用针叶树木屑的，需要堆制半年以上的时间，以去除抑制菌丝生长的树脂、单宁类物质；玉米芯在使用前24h需要用水浸湿，以防较大颗粒的个体吸水困难。

**2. 搅拌**

培养料按配方倒入大型搅拌机中混合均匀。夏天搅拌时间不宜过长，以免温度过高，培养料腐败变酸，影响菌丝生长。

**3. 装瓶**

由全自动装瓶机完成，装瓶机具有传输、装瓶、打孔、压盖的功能。栽培时用850mL、口径58mm的聚丙烯塑料瓶，瓶盖配有过滤性泡沫，既能阻止病虫的侵入，又能保持良好的通气性。一般每瓶装料510~530g，木屑的则要少20g左右。对装瓶要求是重量一致，上紧下松，只有这样才能使通气性好，发菌均一。

**4. 灭菌**

常压或高压灭菌均可。常压灭菌时，蒸汽将培养料加温到98~100℃时，至少保温10h；高压灭菌时，培养料在120℃保温2h，具体灭菌时间随灭菌锅内的栽培瓶数量而定。

**5. 冷却**

灭菌的时间到达后，等压力下降到常压，常压灭菌时等温度下降到45℃以下时即可开门，将框转移至冷却室，启动空调使料温下降至16~18℃，以便接种。

**6. 接种**

由自动接种机进行接种，一般850mL的种瓶可以接种45~50瓶，(每瓶接种量为10g左右，接种块基本覆盖整个培养料的表面)。接种室可用循环的无菌气流彻底清洁，使室内保持近乎无菌状态；接种室温度需控制在指定温度（如M-50为16~18℃)。

**7. 培养**

培养室温度为14~16℃，湿度保持在70%~80%，二氧化碳浓度控制在3 000μL/L以下，在此条件下培养料为木屑的经25~26d即可发满，培养料为玉米芯的需要29~31d发满。接种后的前5d内属菌丝定殖阶段，培养室温度可适当高一些，控制在18~20℃；发菌5d后，将温度调整到14~16℃，此后一阶段，培养料升温很快，瓶里温度可能高出瓶外4~5℃；发菌室必须保持良好的通风条件，标准菇房中通风是由二氧化碳浓度探头监测的，使发菌室二氧化碳浓度控制在3 000μL/L以下，通风气流必须到达房间的每一个角落，以使发菌均匀一致，方便后期管理；菌丝培养达15d时如果发现发菌速度差异较大，则很可能是因发菌室的气流不畅所致。

**8. 搔菌**

菌丝发满后就可搔菌，搔菌由搔菌机完成，深度一般为瓶肩起始位置。搔菌有两个作用：一是进行机械刺激，有利出菇；二是搔平培养料表面，使将来出菇整齐。

以下两种未发满的情况搔菌后并不影响出菇：一是瓶中间有1~2cm未发满；另一种是瓶底中有1~2cm未发满，但前提是菌丝发满的部分必须浓白、均匀。搔菌机搔的不彻底的区域必须手工搔平，因为这些区域在催蕾时最易出菇，给后期管理带来不便；搔菌机残留在瓶口的培养料必须擦干净，以免后期采菇时沾上菇柄而影响品质。

**9. 催蕾**

催蕾时温度保持在15~16℃，M-50菌株催蕾与发菌的温度基本相同，但湿度要求很高，达90%~95%，二氧化碳浓度控制在1 500μL/L以下，并且每天给予1h的50~100lx的散射光，这样的条件经过8~10d后即可现蕾。在标准化的菇房中是无须在瓶口上覆盖任何物体，较好的现蕾有两种方式：一种是料面仅出现密密麻麻的针头大小的淡黄绿色水滴，原基随后形成；另一种是料面起初形成一层白色的棉状物（菌膜），一般不超过3mm厚，然后白色的菇蕾破膜而出。如果瓶口黄水出现较多，或者连成一片呈眼泪状或者色深如酱油色，则很可能是湿度过高的原因。

催蕾室的空调必须满足以下两个条件：一是制冷效果好，降温迅速；二是对湿度的影响小，只有这样才能保证催蕾室具有均匀的湿度。催蕾是最关键的步骤，催蕾好的症状应该是整个料面布满白色的、整齐的菇蕾，数量可达800~1 000个。

**10. 缓冲**

当菇蕾长至13~15mm时，需转移到缓冲室进行缓冲处理。缓冲室的温、湿度条件都介于催蕾室与抑制室之间，温度为8~10℃，空气相对湿度为85%~90%，缓冲的目的是不让抵抗力弱的子实体枯死，增强其抵抗力。2~3d后就可转移至抑制室进行抑制处理。

**11. 抑制**

抑制室的温度为3~5℃，空气相对湿度为70%~80%，抑制的目的是抑大促小，生长快的子实体受抑制较为明显，从而达到拔齐的目的。抑制的方法主要为光照抑制和吹风抑制两种。光照抑制是每天在10h内分几次用500~1 000lx的光照射。风抑制步骤是前2d吹15~20cm/s的弱风，后2d吹40~50cm/s的较强风，最后2d吹80~100cm/s的强风，这样经1周后就能达到拔齐的目的。对于长势相差较大的抑制效果并不明显，个别长势很快的子实体要及时用镊子拔除。

**12. 生育**

幼菇经抑制后即可转移至生育室，生育室的温度为7~9℃，空气相对湿度为75%~80%。待幼菇长出瓶口2~3cm时，即时套上纸筒，以使小范围内的二氧化碳浓度增加，从而起到促柄抑盖的效果，经1周的时间菇可长到筒口的高度，为13~14cm。生育室的菇不要改变位置，以防引起菌柄的扭曲；室内保持良好的通风，以防柄变粗或柄中间形成凹线，影响菇的品质；简易的菇房抑盖的办法是等菇长至8cm高时，在纸筒上覆盖报纸，减少空气流通，可以使盖很小；长势好的栽培瓶应该有250~400个子实体。

**13. 采收及包装**

菇长出瓶口13~14cm时，即可采收，这是在一个干净低温的房间里操作的。采用玉米芯为原料的每瓶产量可达160~180g，木屑的为140~160g。鲜菇一般以抽真空的包装鲜销为主。一般出口标准菇的特点是柄长13~14cm，伞直径大多数小于1cm或更小，没有畸形；菇柄粗细均匀、挺直，直径普遍小于2. 5mm或更细，无弯曲现象；菇体色泽洁白，含水量少。

**14. 挖瓶**

菇采收后由挖瓶机挖去废料，清洗、干燥后即可进入下一轮循环。

## 二、双孢蘑菇工厂化栽培技术

双孢蘑菇是目前世界上人工栽培最广泛、产量最高、消费量最大的食用菌，约占世界食用菌总产量的40%，也是我国目前最大宗的出口创汇食用菌。

### （一）双孢蘑菇工厂化生产的分区与栽培周期

在工厂化栽培双孢蘑菇中，堆肥的二次发酵、发菌、出菇三个阶段在同一个室中完成为单区制，一个栽培周期84d，每年栽培4.3次；二次发酵与覆土之前的发菌在隧道内进行，覆土后催菇及出菇在室内进行的为双区制，一个栽培周期仅63d，每年可栽培5.7次；而三区制又增设了覆土之后的发菌催菇室，出菇室仅供出菇用，一个栽培周期42d，每年栽培多达8.6次。

#### 1. 单区制栽培

投资较少，适于小菇场生产。一个有12间菇房的菇场，如果生产程序安排的紧凑，1年52周中每周都有1间菇房采菇，产品可以周年均衡上市。单区制大多采用床架式栽培，菇床上的堆肥厚约20cm，标准投料量为含水68%的湿料100kg/m$^2$。二次发酵（55~58℃）在7d左右，接种后在23~25℃、空气相对湿度85%~90%、通风供氧正常条件下发菌需要14d；覆土后先经23℃发菌上土，再降温至16℃催菇，这个程序约需要19d；然后是40余天的出菇期，在管理正常的情况下，每潮菇7d，共采6潮菇，单产19.3kg/m$^2$。开始的4潮菇的产菇量占总产量的87%；而5~6潮菇仅占双孢蘑菇总产量的13%。因此，多数菇场主为提高出菇室的周转利用率，宁肯放弃4~6潮菇。国外的单区制小菇场一般有铺料、压实、播种、覆土、喷水等机器设备。

#### 2. 双区制栽培

投资较大，适于较大规模的菇场。在双区制生产设施中，最值得投资的是隧道室，在其中不但可以进行高质量的堆肥后发酵，而且还可以进行高效率的集中式大堆发菌。发满菌的堆肥经传送带送入出菇室铺床，同时完成覆土，整个栽培周期约63d，出菇室1年可循环铺床出菇5~7次。

### 3. 三区制栽培

大多采用可移动的菇箱，将覆土后的发菌催菇（19d）另辟一区进行，出菇室只供采菇期占用，大大提高了设施利用率。例如，澳大利亚 Campbell 公司的 Mernda 燕场有 36 间出菇室，为保证每周都有菇采，每隔 6 周接种 6 间出菇室。每室叠放 550 个菇箱（$2m^2$/箱），出菇面积 1 100$m^2$，平均单产切根菇 27kg/$m^2$ 时。每周产菇 165t，平均每天产菇近 24t。其运作程序：堆肥（专业堆肥场提供）—装箱—后发酵（隧道内，55~60℃，7d）—接种（隧道内，25℃，14d）—覆土（催菇室，25℃，19d）—出菇（出菇室，15℃，41d）—清料消毒（1d）。

## （二）发酵隧道的结构

发酵隧道宽 3.5m、高 3.5~4m、长 20m。地板是钻有透气孔的混凝土预制板，全部孔隙面积加在一起大约相当于地板总面积的 25%。为便于气流在地板下分布流通，在有孔地板与下层水泥地面之间留有 0.5m 的空间。风机要选用高压风机。如果后发酵或发菌的结果不理想，大部分是因为鼓风力量不足所致。

为较好地分配循环风压力和限制空气流速，对着气流入口的远端底层地面至少要倾斜高出 2%。隧道内绝大部分是循环空气，它由堆肥层下面的有孔地板吹入，并由隧道上方的回风口循环或排气口排出。为便于在后发酵结束时降温及排出氨气、二氧化碳等废气，隧道内除循环风口外，还设有排气口，大门上部有可闭可开的气窗。

在隧道内进行后发酵或集中发菌，一般不需要外加热量，靠堆肥本身产生的发酵热即可完成。在寒冬季节，在堆肥后发酵的初始阶段，需要在有孔地板下吹入一些热蒸汽，以启动高温微生物的自然发酵过程。

进行后发酵时，将堆肥均匀的堆在有孔地板上，料厚 1.8~2.0m。隧道上方留有 1~2m 的空间，通过堆肥层的空气在这一空间进行流动，经通风调节器与新鲜空气按一定比例混合后再吹入底层。隧道的容积越大，装料越不容易做到均匀，一般装 50~70t

（$100\sim140m^3$）的隧道较易管理。

隧道内的料层和空间设有温度探头，以便观测和控制温度。在堆肥层中插有温度传感器，测点设置在料堆不同部位以及空气排出口。如果堆肥温度高于规定值，可增加循环风中新鲜空气的比例来降温；如果堆肥温度低于规定值，可减少循环风中新鲜空气的比例来增温。如果堆肥密度或厚度不均匀，堆肥密度高的部分（堆得紧的地方）循环风量会降低，所以装填堆肥时，要尽量装均匀，可采用可摆头的卷扬机装进或移出发酵隧道中的堆肥。

# 第七章　食用菌病虫害防治技术

## 第一节　常见病害

### 一、霉菌

#### （一）霉菌的形态特征与发生规律

**1. 链孢霉**

（1）特征。链孢霉菌丝体疏松，分生孢子卵圆形，红色或橙红色（图 7-1）。在培养料表面形成橙红色或粉红色的霉层，特别是棉塞受潮或塑料袋有破洞时，橙红色的霉呈团状或球状长在棉塞外面或塑料袋外，稍受震动，便散发到空气中到处传播。

（2）发生规律。靠气流传播，传播力极强，是食用菌生产中易污染的杂菌之一。

**2. 木霉**

（1）特征。绿色木霉分生孢子多为球形，孢壁有明显的小疣状凸起，菌落外观呈深绿色或蓝绿色（图 7-2）。

（2）发生规律。多年栽培的老菇房、带菌的工具和场所是主要的初侵染源，发病后产生的分生孢子，可以多次重复侵染，在高温高湿条件下，再次重复侵染更为频繁。发病率的高低与下列环境条件关系较大，木霉孢子在 15～30℃时萌发率最高；在空气相对湿度 95%的条件下，萌发最快。

**3. 毛霉**

（1）特征。毛霉又名长毛菌、黑霉菌、黑面包霉。毛霉菌丝

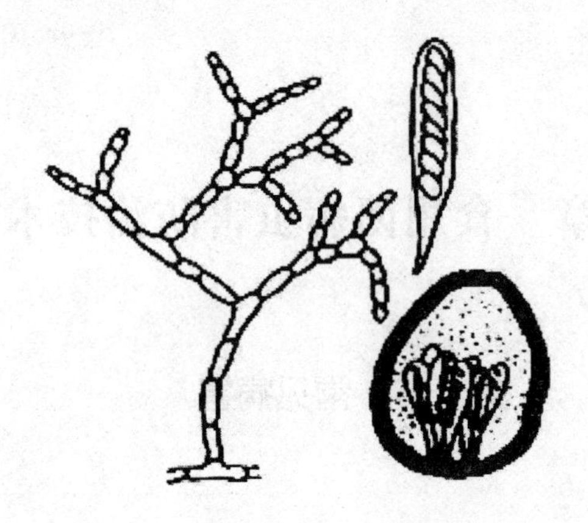

图 7-1　链孢霉

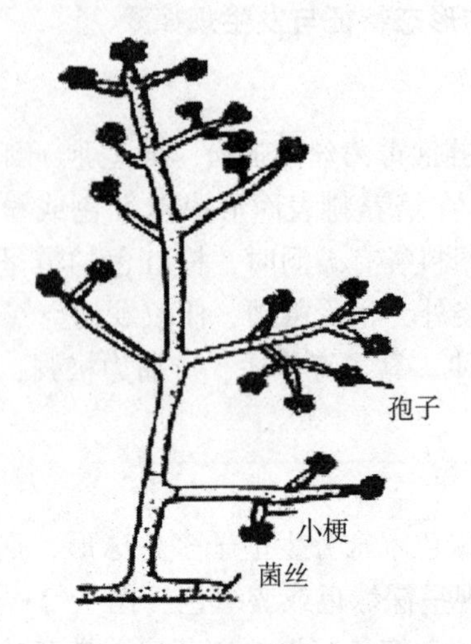


图 7-2　木霉

白色透明，孢子囊初期无色，后为灰褐色（图 7-3）。

（2）发生规律。毛霉广泛存在于土壤、空气、粪便及堆肥上。孢子靠气流或水滴等媒体传播。毛霉在潮湿的条件下生长迅速，在菌种生产中如果棉花塞受潮，接种后培养室的湿度过高，很容易发生毛霉。

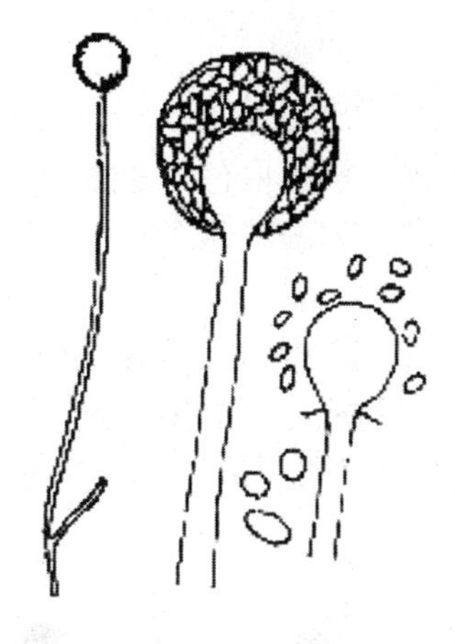

图 7–3　毛霉

**4. 青霉**

（1）特征。在被污染的培养料上，菌丝初期白色，颜色逐渐由白转变为绿色或蓝色（图 7–4）。菌落灰绿色、黄绿色或青绿色，有些分泌水滴。

（2）发生规律。通过气流、昆虫及人工喷水等传播。

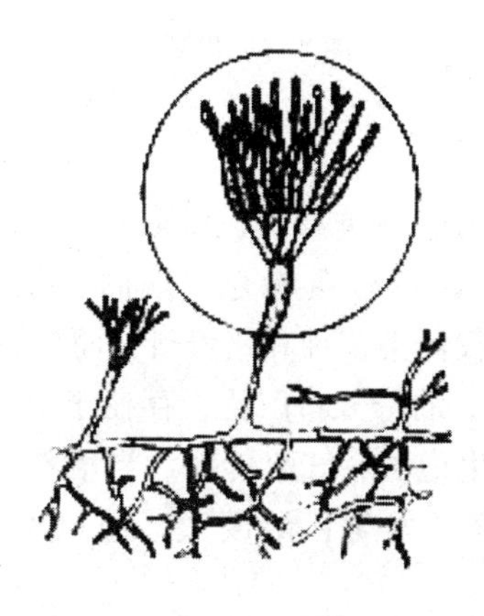

图 7–4　青霉

**5. 根霉**

（1）特征。根霉菌初形成时为灰白色或黄白色，成熟后变成黑色（图 7-5）。菌落初期为白色，老熟后灰褐色或黑色。匍匐菌丝弧形，无色，向四周蔓延。孢子囊刚出现时黄白色，成熟后变成黑色。

（2）发生规律。根霉经常生活在陈面包或霉烂的谷物、块根和水果上，也存在于粪便、土壤中；孢子靠气流传播；喜中温（30℃生长最好）、高湿偏酸的条件。培养物中碳水化合物过多，易生长此类杂菌。

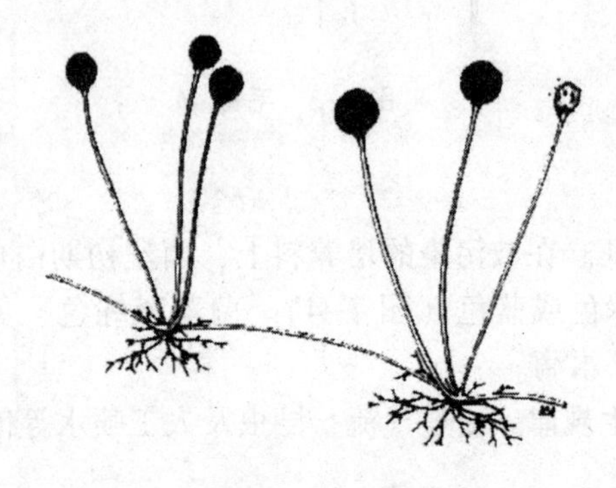

**图 7-5　根霉**

**6. 曲霉**

（1）特征。曲霉包括黄霉菌、黑霉菌、绿霉菌。黑曲霉菌落呈黑色；黄曲霉呈黄色至黄绿色；烟曲霉呈蓝绿色至烟绿色（图 7-6）；曲霉不仅污染菌种和培养料，而且影响人的健康。

（2）发生规律。曲霉分布广泛，存在于土壤、空气及各种腐败的有机物上，分生孢子靠气流传播。当培养料含淀粉较多或碳水化合物过多的容易发生；湿度大、通风不良的情况也容易发生。

**（二）霉菌为害的主要特点**

（1）主要侵染培养料，但不侵染食用菌子实体。

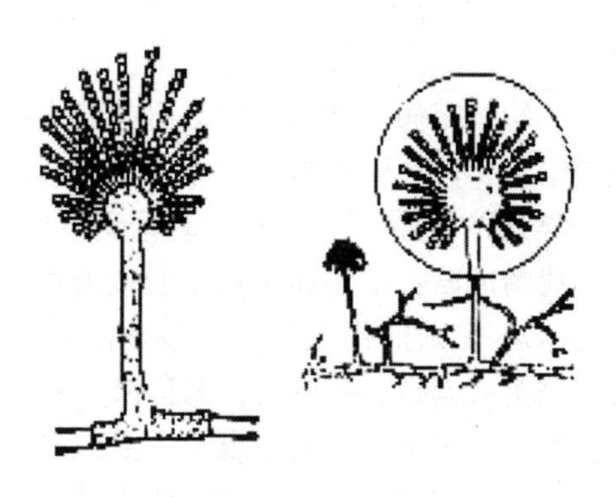

图 7-6 曲霉

（2）与食用菌争夺水分、养料、氧气。

（3）改变培养料 pH 值，分泌毒素，使菌丝萎缩、子实体变色、畸形或腐烂。

### （三）病害的种类及防治

#### 1. 褐腐病

又称湿孢病，是由有害疣孢霉侵染而引起。有害疣孢霉，属真菌门半知菌亚门丝孢纲丝孢目丛梗孢科，是一种常见的土壤真菌，主要为害双孢蘑菇、香菇和草菇，严重时可致绝产。子实体受到轻度感染时，菌柄肿大成泡状畸形。子实体未分化时被感染，产生一种不规则组织块，上面覆盖一层白色菌丝，并逐渐变成暗褐色，常从患病组织中渗出暗黑色汁滴。菌盖和菌柄分化后感染，菌柄变成褐色，感染菌褶则产生白色的菌丝。

防治方法：初发病时，立即停止喷水，加大菇房通风量，将室温降至 15℃以下。病区喷洒 50%多菌灵可湿性粉剂 500 倍液，也可喷 1%~2%甲醛溶液灭菌。如果覆土被污染，可在覆土上喷 50%多菌灵可湿性粉剂 500 倍液或 70%甲基硫菌灵可湿性粉剂 500 倍液，杀灭病菌孢子。发病严重时，去掉原有覆土，更换新土。将病菇烧毁，所有工具用 4%甲醛溶液消毒。

**2. 褐斑病**

又称干孢病、轮枝霉病，是由轮枝霉引起的真菌病害。不侵染菌丝体，只侵染子实体，但可沿菌丝索生长，形成质地较干的灰白色组织块。染病的菇蕾停止分化；幼菇受侵染后菌盖变小，柄变粗变褐，形成畸形菇；子实体中后期受侵染后，菌盖上产生许多针头状大小、不规则的褐色斑点，并逐渐扩大成灰白色凹陷。病菇常表层剥落或剥裂，不腐烂，无臭味。

防治方法：搞好菇房卫生，防止菇蝇、菇蚊进入菇房。菇房使用前后均严格消毒，采菇用具用前用4%的甲醛液消毒，覆土用前要消毒或巴氏灭菌，严禁使用生土，覆土切勿过湿。发病初期立即停水并降温至15℃以下，加强通风排湿。及时清除病菇，在病区覆土层喷洒2%甲醛或0.2%多菌灵溶液。发病菇床喷洒0.2%多菌灵溶液，可抑制病菌蔓延。

**3. 软腐病**

又称蛛网病、树枝状轮枝孢霉病、树枝状指孢霉病，是由树枝状轮枝孢霉引起的真菌病害。先在床面覆土表面出现白色珠网状菌丝，如不及时处理，很快蔓延并变成水红色。侵染子实体从菌柄开始，直至菌盖，先呈水浸状，渐变褐变软，直至腐烂。

防治方法：严格覆土消毒，切断病源。局部发生时喷洒2%～5%甲醛溶液或40%多菌灵800倍液。也可在病床表面撒0.2～0.4cm厚的石灰粉。同时减少床面喷水，加强通风降温排湿。

**4. 猝倒病**

又称立枯病、枯萎病、萎缩病，是由尖镰孢菌和菜豆镰孢菌引起的真菌病害。主要侵染菇柄，病菇菇柄髓部萎缩变褐。患病的子实体生长变缓，初期软绵呈失水状，菇柄由外向内变褐，最后整菇变褐成为僵菇。镰孢菌广泛存在于自然界，土壤、谷物秸秆等都有镰孢菌的自然存在。其孢子萌发最适温度为25～30℃，腐生性很强，并具寄生性。菇房通风不良，覆土过厚过湿，易引发该病的发生。

防治方法：主要是把握住培养料发酵和覆土消毒这两个环节，料发酵要彻底均匀，覆土要严格消毒。一旦发病，可喷洒硫酸铵和硫酸铜混合液，具体做法是将硫酸铵与硫酸铜按 11∶1 的比例混合，然后取其混合物，配成 0.3%的水溶液喷洒。也可喷洒 500 倍液的苯莱特或托布津。水分管理中注意喷水少量多次，加强通风，防止菇房湿度过高，并注意覆土层不可过厚和过湿。

## 二、细菌

### （一）特征及发生规律

（1）特征。被污染的试管母种上，细菌菌种多为白色、无色或黄色，黏液状，常包围食用菌接种点，使食用菌菌丝不能扩展。菌落形态特征与酵母菌相似，但细菌污染基质后，常常散发出一种污秽的恶臭气味，呈现黏湿，色深。

（2）发生规律。灭菌不彻底是造成细菌污染的主要原因。此外，无菌操作不严格，环境不清洁，也是细菌发生的条件。

### （二）病害的种类

#### 1. 斑点病

病征局限于菌盖上，开始菌盖上出现 1~2 处小的黄色或茶褐色的变色区，然后变成暗褐色凹陷的斑点。当凹陷的斑点干后，菌盖裂开形成不对称的子实体，菌柄上偶尔发生纵向的凹斑，菌褶很少受到感染，菌肉变色部分一般很浅，很少超过皮下 3mm。有时蘑菇采收后才出现病斑，特别是把蘑菇置于变温条件下，水分在菇盖表面凝集，更容易发生斑点病。

防治方法：播种前菇房喷洒甲醛、煤酚皂溶液或新洁尔灭等消毒剂，覆土土粒用甲醛熏蒸消毒，管理用水采用漂白粉处理或用干净的河水、井水，清除病菇后，及时喷洒含 100~200U 的链霉素溶液或 50%多菌灵或代森锰锌可湿性粉剂 500 倍液或 0.2%~0.3%的漂白粉液。

### 2. 黄斑病

染病初期菌盖上有小斑点状浅黄色病区，随着子实体的生长而扩大范围及传染其他子实体，继之色泽变深，并扩大范围到整个菌盖，染病后期菇体分泌出黄褐色水珠，病株停止生长，继而萎缩、死亡。黄斑病是由假单胞杆菌引起的病害，为细菌性病原菌；该病菌喜高温高湿环境，尤其当温度稳定在20℃以上、湿度95%以上，而且在二氧化碳浓度较高的条件下，极易诱发该病。即使温度在15℃左右，但菇棚湿度趋于饱和（100%）且密不透风时，该病亦有较高的发病率，在基料及菇棚内用水不洁净时，该病发病率也很高。

防治方法：一是搞好环境卫生，严格覆土消毒，消灭害虫。二是喷水必须用清洁水，切忌喷关门水、过量水，防止菇体表面长期处于积水状态和土面过湿。三是子实体生长期严防菇房内湿度过大。加强通风，使棚内的二氧化碳浓度降至0.5%以下，降低棚湿，尤其在需保温的季节时间段里，空气湿度控制在85%左右。四是子实体一旦发病，通风降低菇房内湿度，喷洒600倍漂白粉液，但应注意，喷药后封棚1~2h，然后即应加强通风，降低棚温。

## 三、放线菌

### （一）形态特征及发生规律

（1）特征。该菌侵染基质后，不造成大批污染，只在个别基质上出现白色或近白色的粉状斑点，发生的白色菌丝，也很容易与食用菌菌丝相混淆。其区别是污染部位有时会出现溶菌现象，具有独特的农药臭或土腥味。放线菌菌落表面多为紧密的绒状，坚实多皱，生长孢子后呈白色粉末状。

（2）发生规律。菌种及菌筒培养基堆温高时，易发生为害。

### （二）防治方法

（1）菌种培养室使用之前，要进行严格的消毒处理。消毒药品可用“菌室专用消毒王”熏蒸处理或用“金星消毒液”进行全方位的喷洒消毒。

（2）菌种袋上锅灭菌时，一定要以最快的速度将稳定上升到100℃，并维持 2h 左右。夏季要防止菌种棉塞受潮，菌种灭菌时，可用“菌种防湿盖”盖上棉塞后再灭菌，而且棉塞不要太松。

（3）接种时要认真做好灭菌工作，严格执行无菌操作，防止接种时菌袋污染。

（4）出现放线菌污染的菌袋，要挑开处理。

## 第二节　常见虫害

### 一、食菌蚊

#### 1. 形态特征及发生规律

食菌蚊又称尖眼菇蚊，别名菇蚊、菌蚊、菇蛆（图 7-7）。卵为圆形或椭圆形，光滑，白色，半透明，大小为 0.25mm×0.15mm。幼虫为白色或半透明，有极明显的黑色头壳，长 6~7mm。初为白色，后渐成黑褐色。雌虫体长约 2.0mm，雄虫长约 0.3mm。具有趋光性。主要的为害：为害双孢菇、平菇、金针菇、香菇、银耳、黑木耳等食用菌的菌丝和子实体。成虫产卵在料面上，孵化出幼虫取食培养料，使培养料呈黏湿状，不适合食用菌的生长。幼虫咬食菌丝，造成菌丝萎缩，菇蕾枯萎。幼虫蛀食子实体。

#### 2. 防治方法

（1）生产场地保持清洁卫生。

（2）菇房门窗用纱网封牢。

（3）培养料要进行杀虫处理。

（4）黑光灯诱杀。

（5）药物防治。

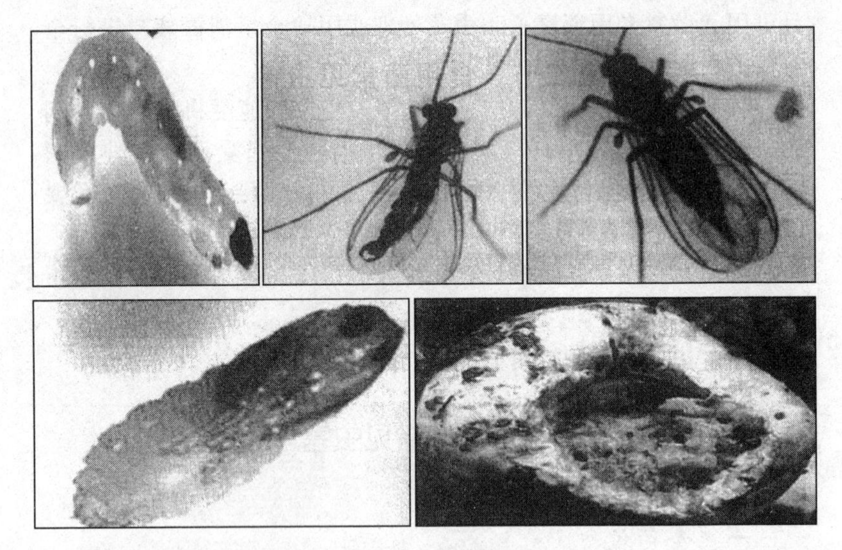

图 7-7　食菌蚊

## 二、线虫

体形极小，只能在显微镜下才能观察到。形如线状，两端尖幼虫透明乳白色，似菌丝老熟呈褪色或棕色（图 7-8）。所有食用菌均能被为害，受害的子实体变色、腐烂，发出难闻的臭味。常随蚊、蝇、螨等害虫同时存在。防治方法同食菌蚊。

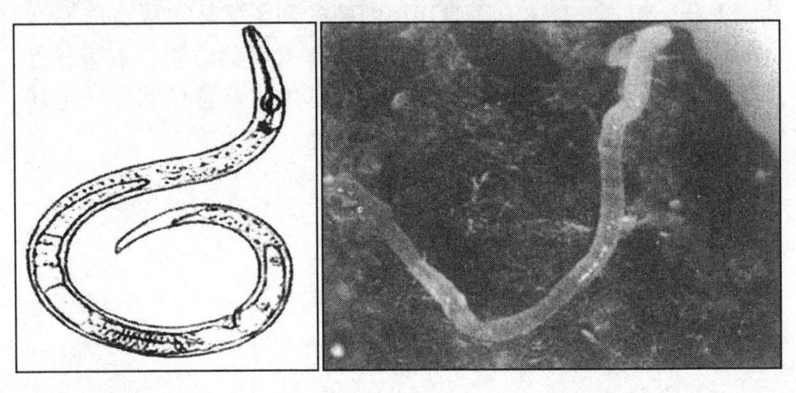

图 7-8　线虫

## 三、跳虫

跳虫又称烟灰虫（图 7-9）。能爬善跳，似跳蚤聚集时似烟灰趋阴暗潮湿，不怕水。主要的为害：取食双孢菇、平菇、草菇、香菇等食用菌的子实体。防治的方法同食菌蚊。

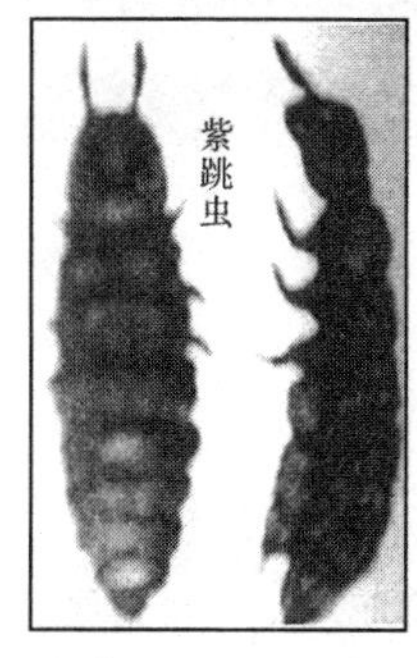

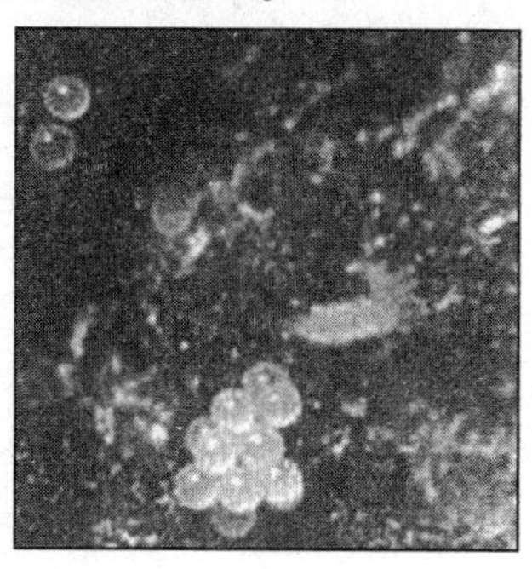

**图 7-9　跳虫**

## 四、蛞蝓

### 1. 形态特征及发生规律

蛞蝓又称水蜒蚰、鼻涕虫（图 7-10）。体柔软，裸露，无保护外壳生活，在阴暗潮湿处所爬之处留下一条白色黏滞带痕迹。昼伏夜出，取食子实体；对木耳、香菇、平菇、草菇、蘑菇、银耳等均有为害；直接咬食子实体，造成不规则的缺刻，严重影响食用菌的品质。

### 2. 防治方法

（1）保持场地清洁卫生，并撒一层生石灰。

（2）毒饵诱杀。

（3）药物防治。

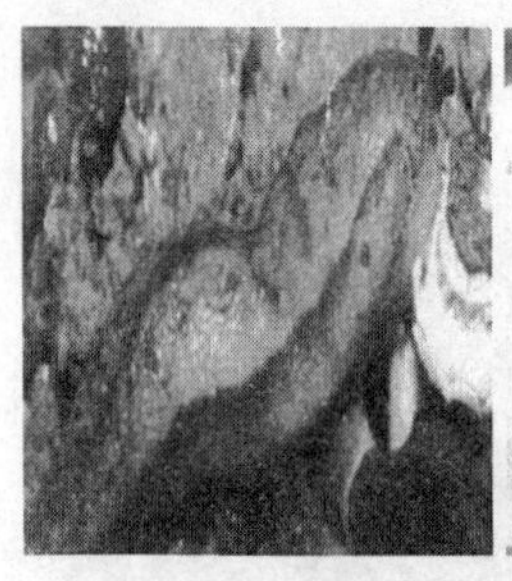  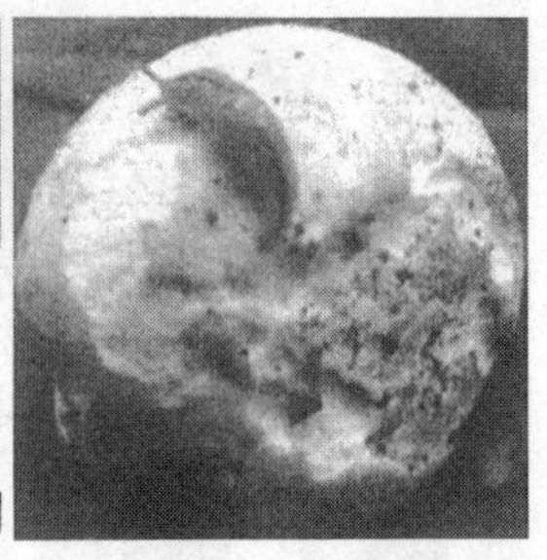

图 7-10　蛞蝓

## 五、食菌螨

### 1. 形态特征及发生规律

食菌螨又称红蜘蛛、菌虱（图 7-11）。体形微小，常为圆形或卵圆形，一般为 4 个构成，即颚体段、前肢体段、后肢体段、末体段。前肢体段着生前面 2 对足，后肢体段着生后面 2 对足，全称肢体段，共 4 对足，足由 6 节组成。聚集时常呈白粉状。螨类主要由培养料或昆虫带入菇房，几乎所有食用菌的菌种都受螨类为害。

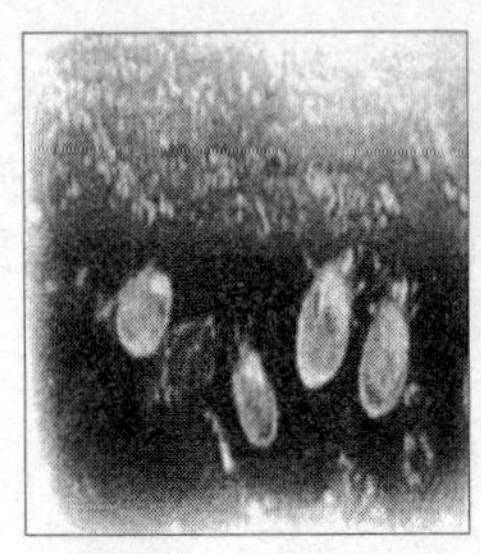 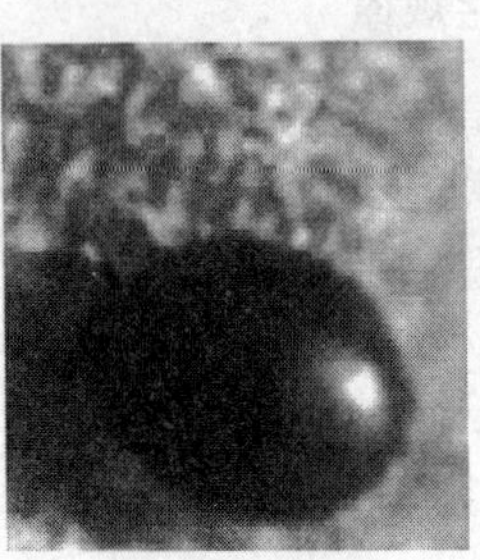 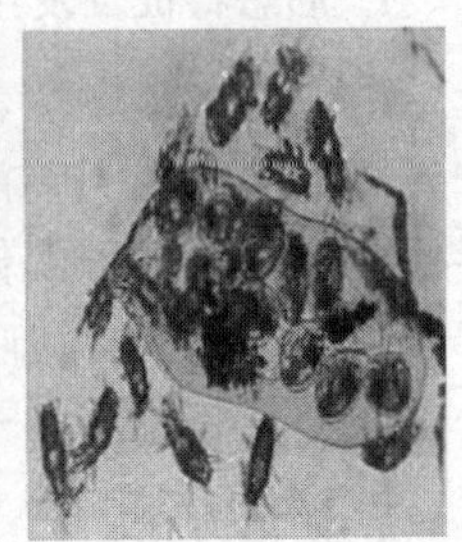

图 7-11　螨虫

### 2. 防治方法

（1）生产场地保持清洁卫生，要与粮库、饮料间及鸡舍保持一定距离。

（2）培养室、菇房在每次使用前都要进行消毒杀虫处理。

（3）培养料要进行杀虫处理。

（4）药物防治。

（5）严防菌种带螨。

## 六、食菌蝇

食菌蝇又称蚤蝇，别名粪蝇、菇蝇（图 7-12）。幼虫蛆形，白色无足，头尖尾钝，成虫比菇蚊健壮，似苍蝇。主要的为害：蝇取食双孢蘑菇、平菇、银耳、黑木耳等食用菌。幼虫常在菇蕾附近取食菌丝，引起菌丝衰退而菇蕾萎缩；幼虫钻蛀子实体，导致枯萎、腐烂。防治的方法同食菌蚊。

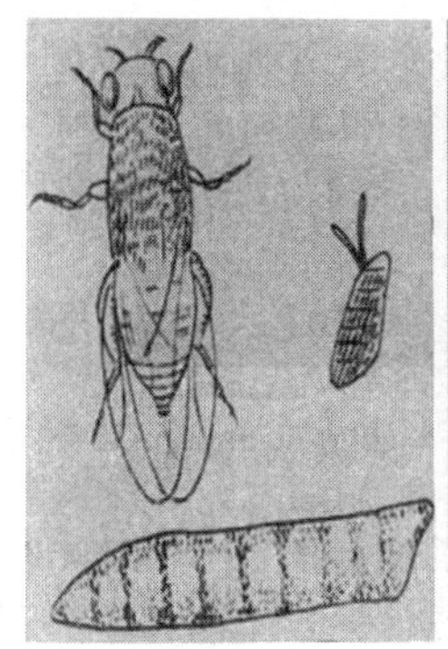
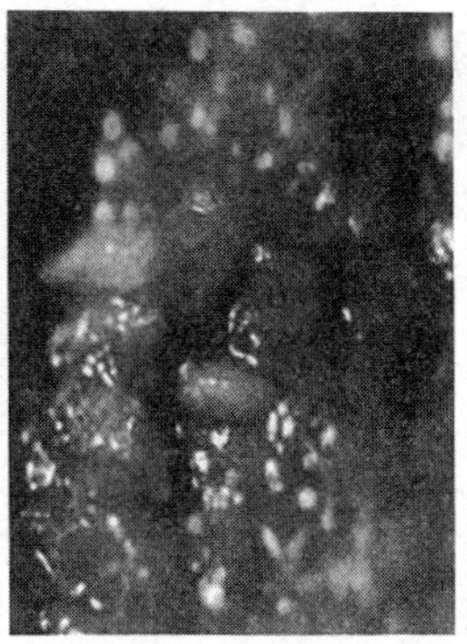

**图 7-12　食菌蝇**

# 第三节　常见生理性病害

在栽培食用菌的过程中，除了受病原物的侵染，不能正常生长发育外，同时还会遇到某些不良环境因子的影响，造成生长发育的生理性障碍，产生各种异常现象，导致减产（或）品质下降，即所谓生理性病害，如菌丝徒长、畸形菇、硬开伞、死菇等。

## 一、畸形菇

### 1. 病害产生的原因

双孢菇、平菇袋料栽培过程中，常常出现形状不规则的子实体，或者形成未分化的组织块。常常出现由无数原基堆集成的花菜状子实体，菌柄不分化或极少分化，无菌盖。原基发生后的畸形菇，则是由异常分化的菌柄组成珊瑚状子实体，菌盖无或者极小。食用菌常出现菌柄肥大，盖小肉薄，或者无菌褶的高脚菇等畸形菇。

### 2. 防治措施

造成食用菌形成畸形成的原因很多，主要是二氧化碳浓度过高，供氧不足，应及时降低二氧化碳浓度；覆细土颗粒，其实出菇部位适中；加强光照；降低湿度；注意用药，以免引起药害。

## 二、菌丝徒长

### 1. 病害产生原因

蘑菇、平菇栽培中均有菌丝徒长的发生。在菇房（床）湿度过大和通风不良的条件下，菌丝在覆土表面或培养料面生长过旺，形成一层致密的不透水的菌被，推迟出菇或出菇稀少，造成减产。这种病害除了与上述环境条件有关外，还与菌种有关。在原种的扩繁过程中，气生菌丝挑取过多，常使母种和栽培种产生结块现象，出现菌丝徒长。

### 2. 防治措施

在栽培蘑菇的过程中，一旦出现菌丝徒长的现象，就应立即加强菇房通风，降低二氧化碳浓度，减少细土表面湿度，并适当降低菇房温度，抵制菌丝徒长，促进出菇。若土面已出现菌被，可将菌膜划破，然后喷重水，大通风，仍可出菇。

## 三、空根白心

### 1. 病害产生的原因

蘑菇旺产期如果温度偏高（18℃以上），菇房相对湿度太低，加上土面喷水偏少，土层较干，蘑菇菌柄容易产生白心。在切削过程中，或加工泡水阶段，有时白心部分收缩或脱落，形成菌柄中空的蘑菇，严重影响质量。

### 2. 防治措施

为了防止空根白心蘑菇的产生，可在夜间或早晚通风，适当降低温度，同时向菇房空间喷水，提高空气相对湿度。喷水力求轻重结合，尽量使粗土、细土都保持湿润。

## 四、薄皮早开伞

### 1. 病害产生的原因

在蘑菇出菇旺季，由于出菇过密，温度偏高（18℃以上），很容易产生薄皮早开伞现象，影响蘑菇质量。

### 2. 防治措施

在栽培中，菌丝不要调得过高，宜将出菇部位控制在细土缝和粗细土粒之间；防止出菇过密，适当降低菇房温度，可减少薄皮、早开伞现象。

## 五、死菇

### 1. 病害产生的原因

在多种食用菌的栽培中，均有死菇现象发生。尤其是开始的两潮菇出菇期间，小菇往往大量死亡，严重影响前期产量。

### 2. 防治措施

（1）出菇过密过挤，营养供应不足。

（2）高温高湿，菇房或菇场通风不良，二氧化碳累积过量，致使小菇闷死。

(3) 出菇时喷水过多，且对菇体直接喷水，导致菇体水肿黄化，溃烂死亡。

(4) 用药过量，产生药害，伤害了小菇。

### 六、硬开伞

**1. 病害产生的原因**

在温度低于18℃，且温差变化10℃左右时，蘑菇的幼嫩子实体往往出现提早开伞（硬开伞）现象。在突然降温，菇房空气湿度偏低的情况下，蘑菇硬开伞现象尤甚，严重影响蘑菇的产量和质量。

**2. 防治措施**

在低温来临之前，做好菇房保温工作，减少室内温差，同时增加菇房内空气相对湿度，可防止或减少蘑菇硬开伞。

## 第四节　病虫害绿色防控

防治食用菌病虫害应遵循“预防为主，综合防治”的植保工作方针，利用农业、化学、物理、生物等进行综合技术防治，在防治上以选用抗病虫品种，合理的栽培管理措施为基础，从整个菇类的栽培布局出发，选择一些经济有效、切实可行的防治方法，取长补短，相互配合，综合利用，组成一个较完整的有机的防治系统，以达到降低或控制病虫害的目的，把损失压低在经济允许的指标以下，以促进食用菌健壮生长，高产优质。

### 一、食用菌病虫害的综合防治的方法

**1. 治理环境**

食用菌生产场所的选择和设计要科学合理，菇棚应远离仓

库、饲养场等污染源和虫源；栽培场所内外环境要保持卫生，无杂草和各种废物。培养室和出菇场要采取在门窗处安装窗纱，防止菇蝇飞入。操作人员进入菇房尤其从染病区进入非病区时，要更换工作服和用煤酚皂溶液洗手。菇房进口处最好设有漂白粉的消毒池，进入时要先消毒。菇场在日常管理中如有污染物出现，要及时科学处理。

**2. 生态防治**

环境条件适宜程度是食用菌病虫害发生的重要诱导因素。当栽培环境不适宜某种食用菌生长时，便导致其生命力减弱，给病虫害的入侵创造了机会，这也就是生存竞争、优胜劣汰的原则。如香菇烂筒、平菇死菇等均是由菌丝体或子实体生命力衰弱而致。因此，栽培者要根据具体品种的生物学特性，选好栽培季节，做好菇事安排，在菌丝体及子实体生长的各个阶段，努力创造其最佳的生长条件与环境，在栽培管理中采用符合其生理特性的方法，促进健壮生长，提高抵抗病虫害的能力。此外，选用抗逆性强、生命力旺盛、栽培性状及温型符合意愿的品种；使用优质、适龄菌种；选用合理栽培配方；改善栽培场所环境，创造有利于食用菌生长而不利于病虫害发生的环境，都是有效的生态防治措施。

**3. 物理防治**

利用不同病虫害各自的生理特性和生活习性，采用物理的、非化学（农药）的防治措施，也可取得理想效果。如利用某些害虫的趋光性，在夜间用灯光诱杀；利用某些害虫对某些食物、气味的特殊嗜好，可进行诱杀；链孢霉在高温高湿的环境下易发生，把栽培环境湿度控制在70%、温度在20℃以下，链孢霉就迅速受到抑制，而食用菌的生长几乎不受影响。此外，防虫网、黄色粘虫板、臭氧发生器等都是常用的物理方法。

**4. 化学防治**

在其他防治病虫害措施失败后，最后可用化学农药，但尽量少用，大多数食用菌病原菌也是真菌，使用农药也容易造成食用菌药害。而且食用菌子实体形成阶段时间短，在这个时期使用农药，未分解的农药易残留在菇体内，食用时会损害人体健康。在出菇期发生虫害时，应首先将菇床上的食用菌全部采收，然后选用一些残效期短，对人畜安全的植物性杀虫剂，如可用500倍液、800倍液的菊酯类农药防治眼蕈蚊、瘿蚊；用烟草浸出液稀释500倍喷洒防治跳虫。食用菌栽培中发生病害时，要选用高效、低毒、残效期短的杀菌剂，对培养料和覆土可用5%甲醛溶液，每立方米用500mL喷洒，并用塑料薄膜覆盖闷2d。甲醛还可作为熏蒸剂，每立方米空间用10mL加热蒸发，杀死房间砖缝、墙面上的各类真菌孢子。其他常用的消毒剂还有石炭酸、漂白粉、生石灰粉等。

**5. 生物防治**

利用某些有益生物，杀死或抑制害虫或害菌，从而保护食用菌正常生长的一种防治方法，即所谓以虫治虫、以菌治虫、以菌治菌等。生物防治的主要作用类型如下。①捕食作用。如蜘蛛捕食菇蚊、蝇，捕食螨是一种线虫的天敌等。②寄生作用。如苏云金芽孢杆菌和环形芽孢杆菌对蚊类有较高的致病能力，其作用相当于胃毒化学杀虫剂。目前，常见的细菌农药有苏云金杆菌（防治螨类、蝇蚊、线虫）、青虫菌等；真菌农药有白僵菌、绿僵菌等。③占领作用。绝大多数杂菌很容易侵染未接种的培养基，相反，当食用菌菌丝体遍布料面，甚至完全“吃料”后，杂菌就很难发生。因此，在生产中常采用加大接种量、选用合理的播种方法，让菌种尽快占领培养料，以达到减少污染的目的。④拮抗作用。在食用菌生产中，选用抗霉力、抗逆性强的优良菌株，就是利用拮抗作用的例子。

## 二、禁用的化学农药种类及名称

根据农业农村部有关通知规定在蔬菜、果树、烟叶、茶叶等作物和食用菌上禁用的高毒高残留化学农药品种有甲胺磷、杀虫脒、克百威、氧化乐果、六六六、滴滴涕、甲基1605、1059、苏化203、3911、久效磷、磷胺、磷化锌、磷化铝、氰化物、氟乙酰铵、砒霜、溃疡净、氯化钴、六氯酚、4901、氯丹、毒杀酚、西力生和一切汞制剂等。

# 第八章　食用菌保鲜与加工

由于食用菌含水量高、组织脆嫩，采收后短时间内易造成品质、色泽、风味的劣变，给食用菌生产带来巨大的损失。为了调节、丰富食用菌的市场供应，满足国内外市场的需要，减少损失，提高食用菌产业的效益，大力推行实用型的食用菌保鲜和加工技术已成为食用菌生产发展的一个重要课题。近年来，我国食用菌生产发展迅速，已成为食用菌的生产和出口大国，做好食用菌的保鲜与加工工作对于保证我国食用菌产品在国际市场上的地位、维护菇农的利益、促进食用菌生产的稳步发展，具有重要的意义。

## 第一节　食用菌的保鲜

食用菌的保鲜技术是采取一切可能的措施控制新鲜产品的分解代谢，使代谢过程处于较低的水平，延长贮藏时间，保持食用价值。

在保鲜处理之前，要注意除去产品残留的泥土和培养料污物，去除有病虫的个体，特别要注意避免产品受到碰伤和挤压。

### 一、食用菌保鲜的原理

离开培养料后的鲜菇由于具有含水量高、组织柔嫩、各种代谢活动比较强烈、呼吸旺盛、体内营养物质消耗快等特性，特别是由于菇体内多酚氧化酶的活力高，使得菇类极易变色、老化和腐烂。因此，采收后必须采取适当的保鲜措施，保持鲜菇的品质。保鲜就是利用活的子实体对不良环境和微生物的侵染所具有的抗性，采用物理或化学方法使鲜菇的分解代谢处于最低状态（休眠状态），借以延长贮存时间，保持鲜菇的食用价值和商品价值。保鲜过程不能使鲜菇完全停止生命活动，故鲜菇保藏时间不宜过长。

## 二、影响食用菌保鲜的因素

影响食用菌保鲜的环境因素很多，主要是温度、湿度、氧气和二氧化碳含量等因素。

**1. 温度**

鲜菇的保鲜性能与其生理代谢活动的强弱有密切关系。在一般情况下，鲜菇的生理代谢活动随着温度的升高而增强，温度越高，鲜菇的生理代谢活动越强，保鲜效果就越差。试验表明，在24h内100kg鲜菇在10℃时释放能量为2 219kJ，而在0℃时仅释放628kJ，10℃条件下的呼吸强度为0℃时的3.5倍。由此可见，低温能有效地抑制各种代谢活动的进行。但鲜菇的保鲜温度也不能过低，许多研究表明，食用菌适宜的贮藏温度为0~3℃（草菇除外）。

**2. 湿度**

食用菌的保鲜效果与贮藏环境的空气相对湿度也有密切关系。不同菇类对空气湿度的要求不一样，但总的来说，食用菌的贮藏要求高湿度，空气相对湿度以95%~100%为宜，低于90%，常会导致菇体失水收缩而变性、变色和变质。

**3. 氧气**

氧气能促进鲜菇的呼吸代谢活动，因此降低贮藏环境的氧气含量对食用菌的贮藏是很有利的。环境中的氧气含量低于1%时，对子实体的开伞和呼吸都有明显的抑制作用。鲜菇贮藏要求贮藏环境的氧气含量低于1%。

**4. 二氧化碳**

高浓度的二氧化碳对食用菌的贮藏是有利的。二氧化碳能抑制鲜菇的生理活动，当环境中的二氧化碳含量超过55%时几乎可以完全抑制菇柄和菇盖的生长，但二氧化碳的浓度过高也会对菇体产生为害。目前国外试验用0.1%的氧气和25%的二氧化碳进行贮藏，取得了良好的保鲜效果。鲜菇贮藏要求贮藏环境的二氧化碳含量大于5%。

## 三、常用的保鲜方法

食用菌的保鲜方法有很多，需根据温度、品种、采前管理、贮存环境的卫生状况等，采用恰当的保鲜贮藏方式，才能达到保鲜贮藏的最佳效果。

### （一）低温

低温贮藏是食用菌常用的一种贮藏保鲜方式，适用于草菇和蘑菇。低温的环境可以抑制酶活性，降低机体的正常代谢活动，弱化呼吸作用，微生物的活动受到抑制。在寒冷的季节和地区，可利用天然低温进行保鲜；而在温暖的季节和地区，则需要人工冷藏。人工冷藏主要包括如下几种方式。

#### 1. 冰藏

建造冰窖来进行食用菌低温贮藏。

#### 2. 机械冷藏

机械冷藏就是通过机械制冷，降低冷库内的温度，从而达到保鲜的目的。食用菌的冷库贮藏技术主要有以下几种。

（1）烘烤。鲜菇采收后，摊放于太阳下晒或置于烘房，在30~35℃下烘烤（一至三成干即可），以增加菇体的塑性，改善菇体贮藏后的外观形状。

（2）预冷。预冷是常规冷藏操作中的一道必要工序。刚收水的菇体，其温度要比冷库高，在进库前需先去除这部分热量，以减轻制冷系统的负荷。目前国内食用菌的冷藏，主要通过减少进库的数量，来维持冷库的温度，从而省去了预冷这一道工序。

（3）调节冷库的温度和湿度。①温度。食用菌不同，其适宜冷藏的温度也不同，一般是在0~15℃范围内（双孢菇为0~5℃，草菇为10~15℃）。在这一温度下贮存72h，菇体会略微变小，但质地仍会较硬，不开伞，且没有异味。②湿度。在库房地面洒水或开启冷藏的增湿设备，来维持冷库较高的相对湿度（一般为80%左右），以保持新鲜菇体的膨胀状态，使其不萎蔫。

（4）通风。冷库常用鼓风机或风扇等通风设施进行通风，以使空气均匀分布。

（5）空气洗涤。采收后，菇体仍是一个有生命的机体，会通过呼吸作用释放二氧化碳，可用氢氧化钠溶液吸收。

（6）保持货架低温。将鲜菇用穿孔塑料周转盒盛载后放于货架之上，利用鼓风制冷技术，使鲜菇一直处于经过冷库冷却的低温高湿空气中，从而在贮存到销售整个过程中都保持特定的低温状态。

### （二）气调

在氧气浓度较低和二氧化碳浓度较高的条件下，菇体新陈代谢和微生物的活动均会受到抑制，二氧化碳还能延缓子实体开伞和降低酚氧化酶活性，以达到保鲜目的。草菇和蘑菇常采用这种贮藏方式。气调贮藏主要有以下两种方法。

#### 1. 气调冷库

（1）普通气调。可通过开（关）通风机和二氧化碳洗涤器，分别控制空气中的氧气量和二氧化碳量。采用这种方法所需的费用较低，但耗时较长，冷库气密性要求也较高。

（2）再循环式机械气调。将冷库内的空气引入燃烧装置中进行燃烧，使氧气变成二氧化碳。当二氧化碳浓度达到要求时，开启氧气洗涤器，氧气浓度达到要求后停止燃烧。其余可参照普通气调贮藏。

（3）充氮式机械气调。在氮气发生器中，用某些燃料（如酒精）和空气混合燃烧后，再将空气净化，剩下的主要是氮气，还有少量的氧气以及燃烧生成的二氧化碳，从而产生低氧气浓度和高二氧化碳浓度的环境条件。这种方式对冷库气密性要求较低，但所需费用较高。

**2. 薄膜封闭气调**

薄膜封闭容器可放于普通机械冷库内，与气调贮藏库相比，使用方便，成本低，还可在运输中使用，主要有以下几种方法。

（1）垛封法。将鲜菇成垛放置于通气的塑料框内，注意四周要留出一定的空隙，然后用聚乙烯或聚氯乙烯薄膜密封垛的四周，利用菇体自身的呼吸作用就可降低氧气浓度，增加二氧化碳浓度，从而达到贮藏目的。为防止二氧化碳中毒，可在垛底撒放适量的消石灰来吸收过量的二氧化碳。

（2）袋封法。将鲜菇装在聚乙烯塑料薄膜袋内，扎紧袋口，再经过挤压或抽气，排出袋内的空气，然后置于货架上，若同时配合冷藏，保鲜效果会更好。或者采用定期调气或打开袋口放风，换气后再封闭的方法。较薄的塑料薄膜袋，本身具有一定的透气性，采用这种袋来装鲜菇，可达到自然气调，目前国内常采用这种方式来贮藏食用菌。

（3）硅窗自动调气。硅橡胶具有高透气性，既可以维持袋内高二氧化碳、低氧气环境，抑制呼吸作用，还不会引起二氧化碳中毒。只是硅橡胶的价格较高，还难以大规模使用。

**（三）化学**

食用菌的呼吸作用可通过一些无毒无害的化学药剂来进行抑制，从而延缓子实体开伞，延迟衰老，同时防止腐败微生物的侵染，以达到延长保藏时间的目的，适用于蘑菇。常用的化学贮藏主要有如下几种处理方法。

**1. 盐水处理**

将鲜菇浸泡在0.6%盐水内，10min后装袋，在10~25℃的条件下维持4~6h，蘑菇会逐渐变成亮白色，可保持3~5d。

**2. 稀酸处理**

将菇体放于0.05%稀盐酸中浸泡，使其pH值降到6以下，酶活性会受到抑制，同时还会抑制腐败微生物的生长，从而达到保鲜目的。

**3. 激动素处理**

将鲜菇置于0.01%的6-氨基嘌呤中浸泡10～15min，沥干后装袋，可保鲜。

**4. 比久处理**

将鲜菇放入0.001%～0.1%比久水溶液中浸泡10min，然后沥干装袋，在5～22℃的温度下，蘑菇可保鲜8d。

**5. 焦亚硫酸钠处理**

先将菇体用0.01%焦亚硫酸钠水溶液漂洗3～5min，再放于0.1%～0.5%焦亚硫酸钠水溶液中浸泡，30min后捞出装袋，在10～15℃的温度下，可保持菇体洁白，保鲜效果也很好。

**（四）辐射**

鲜菇通过γ射线，或经加速的、能量低于10MeV的电子束处理后，机体内的水分子和生物化学活性物质会处于电离或激发状态，从而抑制核酸合成，钝化酶分子，造成胶体状态变化，进而延缓子实体开伞和其生理代谢，并抑制褐变，增加持水力，同时还能杀死腐败微生物和病原菌。

与化学贮藏相比，没有化学残留；与低温贮藏相比，可以节约能源。辐射贮藏的保鲜效果和照射剂量、温度有关，所以，采用适当的剂量，同时结合冷藏，会使效果更好。辐射贮藏还可连续作业，容易实现自动化生产。

适用于草菇和蘑菇。草菇用γ射线10万R处理后，在13～14℃下，可贮存4d；蘑菇用γ射线5万～7万R处理后，在常温下可贮存6d（对照组为1～2d），低温下可保鲜30d。

**（五）负离子**

空气中的负离子能够抑制菇体的正常新陈代谢，还可起到净化空气的作用。负离子发生器不仅可以产生负离子，还能产生臭氧，臭氧具有很强的氧化力，既可杀菌，还可抑制机体活性。负离子遇到空气中的正离子，会相互结合并消失，不会残留有害物质。负离子是一种良好的保鲜方式，操作简便，成本也较低。

将鲜菇装袋后，每天用浓度为 $1\times10^5$ 个/$m^3$ 的负离子处理 1～2 次，每次 20～30min，能较好地延长鲜菇的货架期。

## 四、食用菌保鲜的例子

### （一）金针菇保鲜技术

金针菇采收后，若不进行妥善处理，会发生后熟和褐变。但新鲜金针菇经过加工后，风味和营养价值会有所下降，还会降低其商品价值。所以，对新鲜金针菇进行短期贮藏保鲜是非常必要的。其保鲜的原理是防止失水，抑制呼吸和防止褐变。常采取的技术主要有冷藏、真空保鲜两种。

**1. 冷藏**

当金针菇柄长 10cm，菌盖不开伞、菇鲜度好的时候进行采收最好。采收前一天，停止喷水并采下菇丛，去除杂物、畸形菇和病体菇。然后按照等级要求对金针菇子实体进行分级，并用 0.004～0.008cm 厚、大小为 23cm×35cm 的聚乙烯塑料袋进行装袋，每袋装 200～300g。在光线较暗、湿度较大、温度为 4～5℃的环境中，可贮藏 5d 左右，品质基本不变。

**2. 真空**

采收、分级、装袋与冷藏技术相同。装袋后，在真空封口机中抽真空，以减少袋内的氧气。在温度为 1～5℃的环境中，可贮藏 15d 左右，品质基本不变。

### （二）杏鲍菇保鲜技术

杏鲍菇常采用的保鲜技术为真空保鲜。在菌盖还未展开，孢子还未扩散之前进行采收，然后将菌柄基部用不锈钢刀削好。按质量标准进行分级，然后选用 0.004～0.008cm 厚的聚乙烯塑料袋，每袋装 5kg 左右。之后在真空封口机中抽真空，以减少袋内氧气。在温度为 1～5℃的环境中，可贮藏 15d 左右，品质基本不变。

# 第二节　食用菌的加工

食用菌加工是实现食用菌产品长期保存的方法。它不是保存食用菌活的机体，而是以活的机体为原料，经过各种加工处理和调配，制成多种形式、多种风味的产品，并采用现代包装技术，使加工后的食用菌产品得以长期保存。对食用菌进行加工的方法很多，现介绍几种主要方法。

## 一、腌制加工

### （一）腌制原理

食用菌在生长和采收过程中，菇体表面存在各种微生物。利用腌渍可杀死这些微生物，因为一切生物都是在一定渗透压条件下才能生存，只有在合适的渗透压下才能生长繁殖，超过其能承受的渗透压范围，生物将会死亡。

微生物在高渗腌渍液中，细胞内的水分会渗出细胞外，产生质壁分离；细胞外的食盐也会渗入到细胞组织内部，使细胞蛋白质凝固，新陈代谢停止、生命消失、细胞死亡。另外，食盐对微生物还有一定的抑制作用，利用腌制技术可较长时间地保藏食用菌。

### （二）腌制方法

食用菌的腌制加工是外贸出口加工最常用的方法，适合平菇、滑菇、蘑菇和猴头菇等的加工。

腌制加工的具体生产工艺流程：选料—护色处理—杀青—冷却—盐渍包装。

**1. 选料**

腌制用的食用菌要求含水量尽可能少些，采菇前不喷水，选用菇形圆整，没有缺损，大小均匀，无虫、无杂质，色泽正常的子实体。

**2. 护色处理**

护色处理是为了防止鲜菇的氧化、褐变和腐烂。处理方法是先用清水配制 0.03%~0.05%的焦亚硫酸钠护色液，然后将清洗后的鲜菇倒入护色液中浸泡 10min，并不断上下翻动，使其护色均匀，最后用清水漂洗，冲掉鲜菇上的焦亚硫酸钠残液。

由于焦亚硫酸钠是亚硫酸盐类，有些国家已经禁止使用，因此也可采用以下方法处理：先用 0.6%的食盐水（过浓会使菇体发红）洗去菇体表面泥屑杂质，接着用 0.05mol/L 柠檬酸溶液（pH 值为 4.5）漂洗、护色。

**3. 杀青**

杀青是将食用菌在稀盐水中煮沸以杀死菇体细胞的过程。其作用：一是驱除鲜菇组织中的空气和钝化氧化酶的活力，阻止菇体氧化变色；二是使鲜菇内的蛋白质受热凝固，使细胞发生质壁分离，便于盐分渗入；三是鲜菇的水分溢出，体积显著缩小。杀青应在护色漂洗后及时进行，容器一般用不锈钢锅或铝锅。不要用铁锅，因为子实体中含有带硫的氨基酸，它与铁会发生反应产生硫化铁，使子实体变色。具体方法是将漂洗后的菇在 10%的盐水溶液中煮沸，每 100kg 水加菇 30kg，每锅盐水可连续使用 5~6 次，但在用过 2~3 次后，每次应适量补充食盐，并做到沸水下锅。煮沸时间为 6~10min，具体时间根据菇体大小而定。以煮熟煮透为度，掌握至熟而不烂为宜。有两种方法可判断菇体生熟状况，一种漂浮法，取煮过的菇投入冷水中，若漂浮在水面上，表明尚未全熟；另一种是解剖法，将煮过的菇沿中心线剖开，观察中心颜色，若菇心呈白色，表面尚未煮透，若菇体内外颜色一致，均呈淡黄色，表明已成熟。

**4. 冷却**

冷却的作用是停止热处理。冷却的时间要尽量短，并冷却透彻，否则，盐渍时会使温度上升，影响产品质量。其方法是将杀青后的食用菌立即倒入流动的冷水中冷却。

**5. 盐渍包装**

这是腌制过程中的实质环节，用不同的腌制方法和不同的腌制液，可腌制出不同风味的产品，一般有以下几种腌制方法。

（1）盐水腌制。指以食盐水为主要腌制剂的腌制方法。先将食盐溶于水中，配成15%~16%的食盐溶液，再把冷却到室温的菇体从冷却水里捞出，沥去水分，投入食盐溶液中浸泡。这时食盐溶液开始向菇体渗透，而菇体内水分向外渗出。腌制时温度高则渗透加快，但菇体易发黑，因此，腌制温度一般掌握在18℃以下。腌制3~4d后，腌制液浓度降低，可向腌制液中再加盐，将浓度调至23%左右，也可将初腌的菇体捞出来，转放入23%~25%的浓腌制液中。在腌制期间，要经常检查食盐溶液浓度，若食盐溶液浓度下降到20%以下时，要立即加盐，也可用饱和盐水置换部分稀盐水。当食盐溶液浓度稳定在18~20波美度时，腌制步骤即告完成。盐水腌制也可在初腌时直接一层盐一层菇地摆放，腌制5~6d后，倒缸再注入22波美度的盐水，保持盐水浓度稳定在20波美度。

（2）酱汁腌制。指以酱汁为主要腌制剂的腌制方法。先配制酱汁。腌1kg菇体的酱汁配方为豆酱2 000g、食醋40g、柠檬酸0.2g、蔗糖400g、味精8g、辣椒粉4g、山梨酸钾2g，将上述调料充分混合备用。将冷却的菇体放入陶瓷容器中，撒一层酱汁腌制剂放一层菇体，依次重复地摆放，直到放完为止，腌制最好在低温下进行，以防腌制菇体受微生物侵染腐烂变质。利用酱汁腌好后，每天要翻动一次，7d后腌制即可结束。

（3）醋汁腌制。指以醋汁为主要腌制剂的腌制方法。首先，配制醋汁，腌1kg菇体的用料配方为醋精3mL、月桂叶0.2g、胡椒1g、石竹1g。将调料一并放入沸水中搅混，同时放入菇体煮沸4min，其次取出菇体，装入陶瓷容器中，再注入煮沸过的、浓度为15%~18%的盐水，最后密封保存。

## 二、干制加工

干制的原理是利用脱水进行贮藏，微生物的生命活动需要一定的水分，没有了水分，一些腐败菌在干制品上便无法生活繁殖。新鲜菇所含的水分有两种：一种是游离水，也称自由水，这是菌体水分存在的主要形式，干燥过程中容易排除；另一种是结合水，也称化合水、束缚水，结合于组织内的化合物资中，干燥过程中不能排除。因此，干制品允许有一定的含水量。干制技术是指将新鲜食用菌的子实体脱水，使之成为符合标准干制品的加工工艺。干制品水分含量一般都低于16%，这种低水分抑制了有害微生物生长繁殖，因而干制品不会腐烂变质，保证了干制食用菌的长期保存、长途运输、全年供应和出口。干制是一种被广泛采用的加工保藏方法，经过干制的菇称为干品。菇经过干制后，不仅能长期贮藏，还能产生浓厚的菇香和改善色泽，提高其商品价值。多数菇都可以制成干品，如香菇、银耳、木耳、竹笋等的干制品都是非常名贵的，但有些菇类干制后其鲜味和风味均不及鲜菇，所以不同食用菌应不同对待。干燥后的菇应立即密封保藏，否则会重新吸水。

### （一）自然干制

自然干制可分为晒干和阴干。

#### 1. 晒干

利用太阳能晒干，可以节约能源，还可以提高食用菌的营养价值，如香菇经过太阳光的照射，含有的麦角醇变成了维生素D，香菇本身的营养价值也得到了提高。晒干时，一般选择受阳光照射时间长、通风良好的地方，因为通风能加速水分蒸发，缩短晒干时间。操作时，可将鲜菇摊在竹席上，也可摊在专门的筛框上，厚薄整理均匀，不能重叠。伞状菇（如平菇、香菇），要将菇盖向上，菇柄向下，这有利于子实体干燥均匀。晒到半干时，进行翻动。在晴朗天气，3~5d便可晒干。晒干的时间越短子实体干制的品质就越好。

晒干不需要特殊的设备，简单易行，很早就被人们利用。晒干法适用于多种菇类，但因其脱水速度慢，并受天气变化的影响，因此处理时必须注意以下几点。

（1）对后熟作用强的菇，需要在采收当日以蒸、煮方式灭活处理后再进行日晒。

（2）日晒前要进行清洁处理，去净泥屑，按等级分开，用清水洗去杂质和表面黏液，然后再暴晒。

（3）将鲜菇薄薄地摊在竹帘、竹筛、竹席等器具上，暴晒过程中要勤翻动，小心操作，以防破损，使其干燥均匀，防止腐烂。

（4）大规模晒制时，要注意气象预报，遇到连阴雨天，要及时改用其他的干制方法，以防腐烂。

（5）晒干后及时装入塑料袋，封口保存。

晒干的制品由于含水量相对较高，因此不耐久藏，色泽较差，仅适用于加工内销产品。

**2. 阴干**

这是通过气流使鲜菇脱水干燥加工的方法，又称自然气流干燥。这种方法适用于多种菇的干燥加工。一般用竹帘、竹筛等器具摊摆，置于通风处，并不断翻动。或将采集的菇用线或细铁丝串联起来，挂在屋檐下或通风避雨的棚架内，利用热风自然干燥。对于后熟活力强的菇类如草菇、蘑菇、香菇等要先进行蒸、煮等灭活处理。这种方法虽然方便易行，但脱水较慢，空气湿度大时，在干燥过程中容易腐烂，菇面容易发黑，菇味欠香，且由于干制时间过长，易受虫害蛀食，不卫生，蘑菇穿孔处易留有伤孔破洞，对质量影响很大，故大量生产时一般不宜采用。

**（二）烘箱干制**

利用烘箱来烘烤鲜菇是一种速度快、色泽好、质量高的一种方法。烘干的温度不能太高，一般保持在50～60℃，控制温度上下不要大于7℃。可自制烘箱，采用自制烘箱干燥时，可靠性比较大。用木箱做一个方筒，一侧做门，大小为 70cm×80cm×130cm，筒顶再做成金字塔形，在塔顶部开一个 120cm 高的气筒，大小为 12cm×12cm×12cm。烘箱内两壁钉 2cm 宽的搁条，用以搁放烘筛，间距 15cm 左右。

烘烤操作时，将食用菌摊在烘筛上，伞形菇要菇柄向下，菇盖向上；非伞形菇要摊平放均匀，不要有厚有薄或重叠。将摊好鲜菇的烘筛，放入烘箱搁牢再在烘箱底部放进热源。用电能烘烤的，放进 800W 的电炉（电炉板要用大型的改装），然后关上烘箱门，接通电源；用炭火热能烘烤时，先将炭火盆生旺，然后在炭火盆上盖一层灰烬，以防产生火舌或烟，然后将炭火盆放进烘箱，关上烘箱门供烤。

新鲜食用菌在烘烤之前，应切除菌柄，有可能的话，先晒数小时以降低子实体的水分，然后再放入烘箱烘烤，这样既节约能源，又可缩短烘烤时间，还能提升烘烤效果。

### （三）烘房干制

烘房干制法是指利用专门砌建的烘房进行食用菌脱水干燥的方法。烘房一般有火坑式和烟道式两种形式。烘房以长方形构建，大小按食用菌烘烤数量设计，一般长 4.8m、宽 2.4m、高 1.8m，墙壁用砖或土垒砌，房顶盖瓦，房门开在侧面中间，高 1.7m、宽 0.67m。火炕式烘房在房内设火坑和人行道，人行道宽 70cm，火坑在地面挖成，宽 65cm、深 30cm，带有一定斜度。每条火坑中间筑一条 40cm 高的小墙，将火坑分成两条，火坑与人行道之间在砌一安全墙，高 60cm、厚 20cm，以保证操作人员的安全。在火坑上面搭烘架。

烟道式烘房是在房外设炉灶，火门开在房之外面的一端，房子另一端设烟囱，房子里面设烟道，连接炉灶与烟囱。烟道宽深均为 40cm，烟道上面用铁板盖严，以防漏烟。烘架搭在烟道上面。

干燥时，如为火坑式烘房，先在火坑内将木炭点燃，摊于整个火坑中，严禁灰烬盖埋炭火，防止烟火，然后将食用菌烘筛放入烘房脱水干燥即可；如为烟道式烘房，先在炉灶中点燃木柴或煤炭，检查房内没有漏烟后即可将烘筛放入房内干燥，干燥温度从低到高再到低。

### （四）热风机干制

热风机干制法是指利用专门设备干燥食用菌的方法。用专业的热风干燥机械脱水干燥的产品，其品质上乘，商品价值高。热风干燥机可用柴油作能源，有一个燃烧室和排烟管，将燃烧室点燃，打开风扇，验证箱内没漏烟后，即可将食用菌烘筛放入箱内干燥脱水。干燥温度应掌握先低后高的变化过程，可通过调节风口大小来控制，干燥全过程需要 10h 左右。

### （五）干制技术的新发展

前面几种干制技术，都是间接干燥，即都是以空气为干热介质，热力不直接作用于加工制品上，造成很大的能源浪费。近年来现代化的干燥设备和相应的干燥技术有了很大的发展，如远红外技术、微波干燥、真空冷冻升华干燥、太阳能的利用、减压干燥等。这些新技术应用到食用菌的干燥上，具有干燥快、制品品质好的特点。这是今后干制技术的发展方向，如福建寿宁县利用远红外线干燥香菇取得了较好的效果。

现以香菇为例介绍烘干技术。将采收的香菇，先按香菇的大小、干湿程度不同，分别放在烤盘上。大菇放在上层烤盘，小菇放在下层，这样可使同一烤盘的香菇在相同时间达到同一干燥程度。放菇时，要使菇盖向上，菌褶向下，顺次放好。加热时，烘烤温度要从 30℃ 开始，以后每 1h 提高 1～3℃，上升至 60℃ 时，再回降至 55℃ 直至烘干。要注意温度不可太高，以免将菇烤熟、烤焦。当菇体烤至四五成干燥时，可将香菇逐步翻转。随着水分蒸发，菇体缩小，便可并盘，移至下层，再将待烘烤的新鲜香菇放入上层空盘。这样不断下移、取放，直至把全部的鲜菇烤完为止。烘烤最后达到干而不焦，干燥程度以菇体含水量在 12%～13% 为宜，习惯上，人们用感官测定，即用手指指甲顶压菇盖部，若稍留有指甲痕，说明干度已够。干燥好的香菇形状圆整，卷边均匀；底色鲜黄，面色茶褐，菌褶不倒；有干香菇的香味。

## 三、罐藏加工

### （一）罐藏原理

食用菌罐头是将食用菌的子实体密封在容器里，通过高温杀菌杀死有害的微生物，同时防止外界微生物的再次侵染，以获得食用菌在室温下长期保藏的一种方法。在灭菌过程中，还要注意保证食用菌的形态、色泽、风味和营养价值不受损害。

### （二）罐藏技术

从原则上讲，所有的食用菌都可以加工成罐头，但加工最多的是蘑菇、草菇、银耳、猴头菇等。食用菌罐藏工艺程序一般包括：原料准备—护色和漂洗—加热煮沸—冷却—装罐—加汤—排气—封罐—灭菌—冷却—打印包装现以蘑菇罐头为例，介绍食用菌的制罐技术。

#### 1. 蘑菇原料的准备

蘑菇的采收要适期，以菌膜裂开前采摘最佳，采收后应及时处理，一般放置时间不能超过12h，然后按不同规格分级。要求蘑菇新鲜无病虫害、色泽自然无褐变、菌伞完整呈圆形而不开伞，菌柄部切削平整。

#### 2. 蘑菇的护色与漂洗

将选好的菇体倒入0.03%的硫代硫酸钠水溶液中，洗去泥沙、杂质，捞出后用清水漂洗3~5min。硫代硫酸钠不仅能起抑菌作用，而且能防止菇体变色，现有人用添加适量维生素E的方法来代替硫代硫酸钠，效果也不错。

#### 3. 加热煮沸

目的是破坏多酚氧化酶的活力，抑制酶促褐变，同时排出菇组织内的空气，使组织收缩、软化、减少脆性，便于切片和装罐，还可提高装罐的净重和保持菇的营养和风味。其方法：先在容器内放入自来水，加热至80℃，加入0.1%柠檬酸，煮沸，然后把食用菌倒入其中，煮8~10min，这个阶段要不断撇掉上浮的泡沫。煮沸的作用有两个：一是杀死菇体内的酶类，中止菇体内的生化反应；二是煮沸后菇体收缩，便于装罐。

**4. 装罐**

冷却后将原料菇沥去水分后立即装罐，装罐可用手工方式或使用装罐机。原料菇的个体分布、排列要均匀一致。成罐后内容物会减少，一般装罐时应增加规定量的10%~15%。

**5. 加汤**

装罐后加注汤液，既能填充固形物之间的空隙，又能增加产品的风味，还有利于灭菌和冷却时热能的传递。汤液一般含2%~3%食盐和0.1%柠檬酸，有的产品还加入0.1%抗坏血酸以护色。配制汤液时，用含氯化钠99%以上的精盐先配制成盐液，经过煮沸、沉淀、过滤后再加人其他成分。为了增加营养和风味，也常把煮菇时回收的汁液配为汤液。

**6. 排气**

排气的目的是除去罐头内的空气，空气的存在加速铁皮腐蚀，对贮藏不利。方法是把装好原料、加汤后的罐头不加盖送进排气箱，在通过排气箱的过程中加热升温，使原料中滞留或溶解的气体排出。排气箱中罐头中心温度应为85℃左右。

**7. 封罐和灭菌**

排气后用封罐机封罐，封罐后的灭菌通常使用高压蒸汽短时灭菌，高温短时灭菌能较好地保持产品的质量。蘑菇罐头灭菌温度为110~121℃，灭菌时间应根据罐头容量的大小，掌握在15~60min。

**8. 冷却**

灭菌后的罐头应立即放入冷水中迅速冷却，温度降得越快越好，以免色泽、风味和组织结构遭受大的破坏。玻璃罐头冷却时，水温要逐步降低，以免玻璃罐破裂。

冷却水的质量很重要。罐头在冷却过程中，罐内温度下降，形成部分真空，同时，罐盖缝线内橡胶物质因高温而软化，可能使微量的冷水被吸进罐内，因此要求冷却水中活微生物的量小于50个/mL。

冷却到35~40℃，即可把罐头取出擦干。

**9. 打印包装**

制好的成品罐头还要保温培养、抽样检验，打印标记，包装贮藏。

## 四、食用菌的深加工

### （一）食用菌深加工的含义

利用食用菌菇体及在采收和加工过程中剩余的碎菇、菇片、菇柄、菇脚、加工时的浸泡液进行加工的工艺称为食用菌的深加工。经过深加工，既提高了产品的利用率，增加了经济效益，又扩大了食用菌产品的花色品种，因此深加工成为一项重要的工作。在加工过程中要注意和其他食品灵活配比，提高营养价值。但同时也要保持质量，防止污染和腐烂、变质。

### （二）食用菌深加工实例

利用食用菌进行深加工，可生产出带有食用菌下脚料的主食、饮料、蜜饯菇、菇类浸膏、蘑菇调味剂、酱蘑菇、蘑菇泡菜、蘑菇什锦菜、猴头菇酒、银耳羹酒类等食品，不仅风味特别，而且有很高的营养和药用价值。随着保健品市场的开发，越来越多的食用菌深加工产品将进入人们的生活，使之有了特殊的生产意义。现列举几种常见的食用菌加工产品及其生产工艺。

**1. 茯苓夹饼**

按下列配方进行生产：淀粉10kg，精面粉2.5kg，核桃仁20kg，松子仁17.5kg，茯苓2.5kg，蜂蜜18.5kg，绵白糖37.5kg。

制作时，将蜂蜜和白糖调和，将核桃仁、松子仁剁成米粒大颗粒加到蜂蜜内，调和成稠状甜馅。再将鲜茯苓去皮，切成块，蒸熟后磨成粉，与淀粉、面粉混合，调成糊状。在特制的圆形烤模中，薄薄抹一层素油，然后向模内倒一小勺稀茯苓糊，薄薄地摊平，在火上稍烤一下，剪去毛边，形成厚 0.1cm、直径约 8cm 的半透明薄饼，在两层薄饼之间涂抹一层甜馅即可。

**2. 香菇酒**

按下列配方进行生产：香菇粉 12g，白糖 20g，果糖 100g，加水 340mL 进行糖化。在此糖化液内加入葡萄酒酵母 40mL，在 15℃发酵 4d。再次加入焦亚硫酸钾 80mg/kg，在 60℃加热 10min。经 6 个月保存后用活性炭过滤，即得 8 500mL 的香菇酒。此酒呈琥珀色，香醇，酒精度为 11%，pH 值为 3.4，香菇含量为 2.7mg/100mL，香醇可口，有降低胆固醇的作用。

**3. 香菇调味汁**

将 8~10°波美度米曲汁 2 000mL 煮沸 30~40min，灭菌，然后加入香菇菌丝或干香菇粉末 200g，酵母液 20mL，在 25~30℃培养 24h，在发酵过程中表面产生许多小气泡，并散发出香气。然后，将上述含有香菇菌丝或香菇粉末的培养液，倒入 100L 米曲汁中，在 25~30℃培养 10d 左右，每天测定成分变化，并补糖、补酸，控制 pH 值在 3.0~3.3。随着发酵的延长，发酵液表面覆盖一层面筋状的泡沫，酒精度达到 8%，散发出菇香和水果香味。在发酵快结束时，添加少量糯米和面粉，以增加其香气和味道。发酵结束后，压滤，取滤汁，经沉淀得到澄清液，煮后即为芳香味美的香菇调味汁。

**4. 香菇汽水**

（1）原料。干香菇、白糖、柠檬酸、小苏打、水。

（2）制作。取无霉烂、虫害的干菇 30g 去柄、洗净，放入锅中加入 1 000mL 水，煮沸 10min，冷却后用四层纱布过滤，在滤液中加适量水，使其体积仍保持 1 000mL，然后加入适量白糖，冷却后装瓶，加入柠檬酸 9g、小苏打 7g，迅速加上瓶盖，最后将瓶子放入冷水或冰箱中，20min 后即可饮用。

也可以取适量香菇浸膏，加入 0.16%柠檬酸、0.01%可可香精、11%白糖、2mg/kg 乙基麦芽酚、0.05%香精、0.05%苹果酸钠等调配后装瓶即得香菇汽水。

# 参考文献

郭士环，郭士晶，2009. 食用菌栽培技术[M]. 北京：中国农业出版社.

郝涤非，许俊齐，2009. 食用菌栽培与加工技术[M]. 北京：中国轻工业出版社.

胡永锋，才伟丽，黄连华，2009. 食用菌高效栽培与病虫害绿色防控[M]. 北京：中国农业科学技术出版社.

李云水，2009. 食用菌栽培[M]. 天津：天津科学技术出版社.

刘世玲，焦海涛，2009. 现代食用菌栽培实用技术问答[M]. 武汉：湖北科学技术出版社.

牛贞福，刘文宝，2009. 食用菌生产技术[M]. 济南：济南出版社.

谭伟，2009. 食用菌优质生产关键技术[M]. 北京：中国科学技术出版社.